中等职业教育课程改革规划新教材
机电类专业教学用书

CAD/CAM——Mastercam 应用

主　编　苏汉明
副主编　王增杰
参　编　金敬华　李锦云
主　审　马保振

机械工业出版社

本书系统地介绍了 Mastercam 软件的功能、基本绘图及加工方法,并结合常用零件进行综合绘图与加工。全书共分 6 个课题,内容包括认识 Mastercam、绘制二维图形、绘制三维图形、二维图形加工、三维图形加工及零件加工综合练习,各课题将绘图与加工设计融合在一起,强调综合性。

本书结构严谨,层次清晰,重点突出,通俗易懂,适合职业技术院校和成人教育院校机械设计、机电技术、数控技术等机械类相关专业选用,也可供从事模具设计和制造的工程技术人员参考,还可作为各类培训班的教材。

图书在版编目(CIP)数据

CAD/CAM:Mastercam 应用/苏汉明主编. —北京:机械工业出版社,2012.7

中等职业教育课程改革规划新教材

ISBN 978-7-111-39109-8

Ⅰ.①C… Ⅱ.①苏… Ⅲ.①计算机辅助制造-应用软件-中等专业学校-教材 Ⅳ.①TP391.73

中国版本图书馆 CIP 数据核字(2012)第 152615 号

机械工业出版社(北京市百万庄大街 22 号 邮政编码 100037)
策划编辑:汪光灿 责任编辑:汪光灿 王莉娜 版式设计:纪 敬
责任校对:刘怡丹 封面设计:马精明 责任印制:乔 宇
三河市国英印务有限公司印刷
2012 年 9 月第 1 版第 1 次印刷
184mm×260mm · 7.25 印张 · 172 千字
0001—3000 册
标准书号:ISBN 978-7-111-39109-8
定价:17.00 元

凡购本书,如有缺页、倒页、脱页,由本社发行部调换

电话服务 网络服务
社服务中心:(010)88361066 教材网:http://www.cmpedu.com
销售一部:(010)68326294 机工官网:http://www.cmpbook.com
销售二部:(010)88379649 机工官博:http://weibo.com/cmp1952
读者购书热线:(010)88379203 封面无防伪标均为盗版

中等职业教育课程改革规划新教材编委会

主　任：张志增

副主任：张新启　张艳旭　王军现　王永进　冀　文　赵易生
　　　　　冯国强　凌志杰　刘玲娣　霍同路　苏汉明　汪光灿

委　员：刘金海　高建斌　程瑞卿　石　磊　贾英布　樊永泉
　　　　　李惠臣　宁文军　王增杰　闫新华　孙继山　刘桂霞
　　　　　刘秀艳　张树科　郝超栋　肖群彦　寇德淼　柳海强
　　　　　肖秀云　程保久　于立达　于长虹　贺天柱

前 言

　　Mastercam 是改造传统生产方式的辅助加工软件。它以计算机软件的形式为用户提供一种有效的辅助工具，使技术人员能借助于计算机对产品、结构、成形工艺、数控加工及成本等进行设计和优化。计算机软件、硬件水平的进一步完善，为工业加工提供了强有力的技术支持，为企业的产品设计、制造和生产水平的发展带来了质的飞跃，已经成为现代企业信息化、集成化、网络化的最优选择。

　　本书是根据教育部关于职业教育教学改革的意见、职业教育的特点和模具技术的发展以及对职业院校学生的培养要求，在总结了近几年各院校模具设计与制造专业教学改革经验的基础上编写的，是项目式教学模式的教改成果之一。

　　本书以培养学生从事模具设计与制造的基本技能为目标，将模具设计中的二维平面图形设计、交互式图形设计、三维线框模型设计、三维实体造型设计、自由曲面造型设计、参数化设计、特征造型设计等有机融合，实现重组和优化，突出实用性、综合性和先进性。

　　本书以通俗易懂的文字和丰富的图表，以单分型面注射模具的结构为基础，以典型零件为例，按照模具设计与制造的顺序介绍，以便学生一边学习专业知识，一边进行课程设计，以充分调动学生的学习积极性，使学生学有所成。

　　本书由苏汉明任主编，王增杰任副主编，金敬华、李锦云参加编写，马保振任主审。

　　由于编者水平有限，书中错误和缺点在所难免，恳请广大读者批评指正。

编　者

目 录

前言
课题一　认识 Mastercam …………………… 1
课题二　绘制二维图形 ……………………… 5
　任务一　绘制蝴蝶图案 …………………… 5
　任务二　绘制凸轮 ………………………… 12
　任务三　绘制圆标牌 ……………………… 17
课题三　绘制三维图形 ……………………… 20
　任务一　绘制角铁图形 …………………… 20
　任务二　绘制电吹风图形 ………………… 24
　任务三　绘制烟灰缸图形（实体模型绘制）………………………………… 29
　任务四　绘制鼠标图形（曲面造型综合实例）………………………………… 39
课题四　二维图形加工 ……………………… 43
　任务一　雕刻加工圆标牌 ………………… 43
　任务二　加工凸轮 ………………………… 53
　任务三　二维加工操作实例 ……………… 59
课题五　三维图形加工 ……………………… 72
　任务一　加工烟灰缸内凹形 ……………… 72
　任务二　加工电吹风外壳 ………………… 82
课题六　零件加工综合练习 ………………… 92
参考文献 ……………………………………… 107

课题一 认识 Mastercam

本课题主要介绍 Mastercam 软件的用途、启动方法、工作界面的组成、命令的输入方法、点的输入方法、档案的存取、常用快捷键、绘图前的设置等基础知识。

一、Mastercam 的用途

Mastercam 是美国 CNC Software 公司研制与开发的 CAD/CAM 系统，其装机量为世界第一，是可应用在 PC 平台上的 CAD/CAM 软件。它包含了 Design、Lathe、Mill 和 Wire 4 大模块，其中 Design 模块用于零件的三维造型，Mill 模块用于铣削加工，Lathe 模块用于车削加工，Wire 模块用于线切割加工。本书仅对 Mastercam 软件中的 Mill 模块进行介绍，包含了三维造型（CAD）及铣削加工（CAM）功能。

Mastercam 是一个三维软件，用来表达零件的方法与二维软件（如 AutoCAD）不同，它不是通过投影的方法来表达的，而是通过建立二维或三维的空间模型来表达的。建立模型后，可以利用该模型来产生刀具路径，模拟刀具路径，验证加工过程，计算加工时间，经后处理后，产生 NC 数控程序，并可将程序传送至数控机床。

二、Mastercam 的启动

Mastercam 系统的启动可采用下述两种方法。
1）双击桌面快捷图标""。
2）依次单击"开始"—"程序"—"Mastercam"—"Mill" 命令。

三、Mastercam 的工作界面

Mastercam 的工作界面分为标题栏、工具栏、主菜单区、辅助菜单区、绘图区、坐标轴图标、工作坐标系图标、光标位置坐标、单位和系统提示区等部分，如图 1-1 所示。

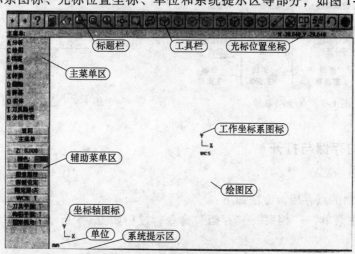

图 1-1 Mastercam 软件的工作界面

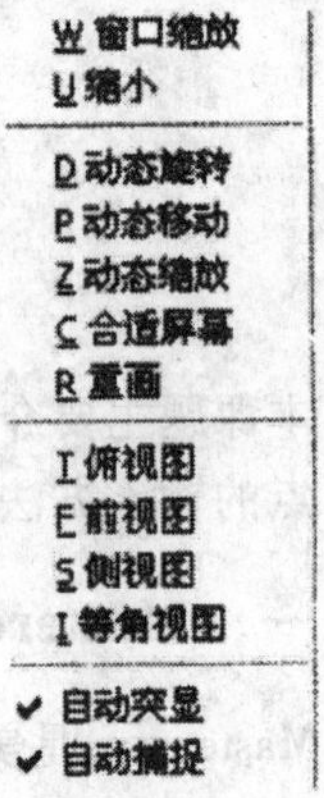

四、Mastercam 命令的输入方法

Mastercam 命令的输入方法主要有下面几种。

1）用鼠标单击主菜单区中相应的命令项，如"C 绘图"。

2）用鼠标单击辅助菜单区或工具栏的命令按钮，如" "。

3）用键盘输入主菜单区中相应命令项前面的字母，如"C 绘图"前的"C"。

4）用键盘快捷键输入，如"Alt＋S"。

5）用鼠标右键菜单选项。在绘图区单击鼠标右键，出现如图 1-2 所示菜单，单击相应的命令。

图 1-2　鼠标右键菜单

五、点的快速输入方法

通过键盘可以快速、精确地输入坐标点，如绘制一点，其坐标（X，Y）为（30，20），方法如下：

1）按"F9"键，显示坐标轴。

2）单击"绘图"—"点"—"指定位置"—"任意点"命令，过程如图 1-3 所示，在提示区出现提示"画点"，指定一点。

3）通过键盘直接输入"30，20"。在提示区出现"请输入坐标值"，输入（30，20），回车或按鼠标左或右键，绘制好点（30，20），如图 1-4 所示。

4）输入坐标时，也可从键盘输入"X30Y20"（注意：此处"X30"与"Y20"之间无逗号隔开）。在提示区出现"请输入坐标值"，输入 X30Y20，回车，绘制好点（30，20），结果同上。

图 1-3　点绘制菜单

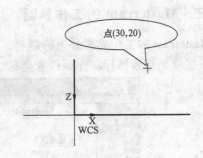

图 1-4　绘制点（30，20）

六、档案的存储与打开

1. 档案存储

将上面所绘制的点存档，方法如下：

1）单击"主菜单"—"档案"—"存档"命令，过程如图 1-5 所示，出现如图 1-6 所示对话框。

2）输入档案名称，如"点.MC9"，存档格式选择为 *.MC9，回车，档案已存储。

课题一　认识 Mastercam

3）也可用快捷键"Alt + A"，连续按两次"回车"键，可快速自动存储文件。

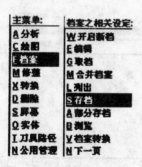

图 1-5　档案存储菜单

图 1-6　档案存储对话框

2. 档案打开

将已存档的档案取出，方法如下：

1）单击"主菜单"—"取档"命令，过程参考图 1-5，出现如图 1-7 所示的对话框。

2）选定档案名称，如"点.MC9"，回车，可将档案开启。

3. 档案转换

Mastercam 软件的档案转换命令可读取多种格式的文件，也可以将 Mastercam 文件写成多种格式的文件。可转换的常用格式有 Autodesk（AutoCAD）、IGES（国际通用格式）、Pro/E、Parasolid、ASCII、STEP、STL、VDA、SAT 及早期的 Mastercam 的文件格式等。例如，读取 AutoCAD 的文件可采用如下方法：

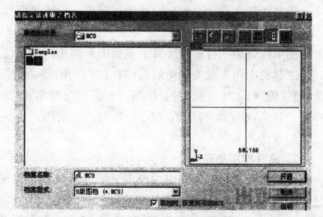

图 1-7　档案开启对话框

单击"主菜单"—"档案"—"档案转换"—"Autodesk"—"读取"命令，过程参考图 1-8，出现如图 1-9 所示的对话框。选取某一类型文件，如 T.DWG，单击打开按钮，可将文件打开。

七、常用快捷键

设定快捷键的目的是为了能利用左手快速输入命令，以提高绘图速度。Mastercam 软件所使用的快捷键主要有：

"F1"—视窗放大，与工具栏中图标"　"的功能相同；

"F2"—模型缩小为原来的 0.5 倍，与工具栏中图标"　"的功能相同；

"Alt + F1"—适度化，模型刚好充满整个屏幕，与工具栏中图标"　"的功能相同；

"Alt + F2"—模型缩小为原来的 0.8 倍，与工具栏中图标"　"的功能相同；

3

"F3"—重画；

"F9"—显示当前坐标系统。

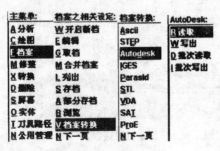

图1-8 档案转换菜单

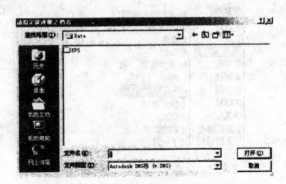

图1-9 "请指定欲读取文档名"对话框

八、绘图前的设置

绘制图形之前，一般应设置图形视角、构图平面和工作深度等。

1. 设置图形视角

图形视角表示目前在屏幕上观察图形的角度，系统默认视角为俯视图（T）。

工具栏中用来改变视角的按钮有："视角-等角视图（I）"、"视角-俯视图（T）"、"视角-前视图（F）"、"视角-侧视图（S）"、"视角-动态旋转视图（D）"，按钮颜色为绿色。单击"视角-动态旋转视图（D）"按钮，在绘图区选一点后，通过移动鼠标可以动态地改变当前的视角。

2. 设置构图平面

构图平面就是当前使用的绘图平面，系统默认构图平面为俯视图（T）。设置构图平面之后，所绘制的图形就出现在该平面上。

工具栏中用来改变构图面的按钮有："构图面-俯视图（T）"、"构图面-前视图（F）"、"构图面-侧视图（S）"、"构图面-空间绘图（3D）"，按钮颜色为蓝色。

3. 设置工作深度

构图平面实际上只是确定绘图平面，在同一方向上，可以根据设计需要设置多个构图平面，而构图平面的位置由工作深度Z来确定。例如，设置了构图平面是"俯视平面（T）"，这时绘制的图形将出现在XY平面（Z=0）上。如果希望绘制的图形出现在Z=-10的平面上，则点选按钮"Z：0.000"，在提示区出现提示"请指定新的构图深度位置"，从键盘输入"-10"，在提示区出现提示：请输入坐标值："-10"，回车确认，设置工作深度为-10，如图1-10所示。

图1-10 设置工作深度

课题二 绘制二维图形

任务一 绘制蝴蝶图案

本任务主要完成二维图形的绘制与编辑等内容。

一、蝴蝶图案

蝴蝶图案如图 2-1 所示。

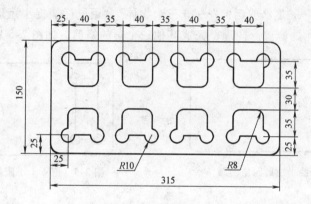

图 2-1 蝴蝶图案

二、绘制线框图的过程

1. 分析

分析如图 2-1 所示蝴蝶图案的结构，采用二维图形的绘图功能绘出蝴蝶图案，再进行尺寸标注样式设置，进行尺寸标注。首先选择构图面和视角，用基本绘图方法绘制两矩形外形并对大矩形倒角，再用基本绘图命令绘制小矩形 4 个顶角上的小圆，对其进行修整，然后再绘制直线并运用编辑功能中的修剪、平移等方法完成图形的绘制，最后设置尺寸标注样式，完成尺寸的标注。

2. 绘制两矩形

1）设置构图面：T；视角：T。

注意：在绘制二维图形时，建议构图面和视角设为俯视图。

2）绘制两个矩形。在主功能菜单中单击"C 绘图"—"R 矩形"—"2 两点"，输入矩形对角两点坐标（0，0），（315，150）和（25，25），（65，125），完成两个矩形的绘制，如图 2-2 所示。

3. 大矩形倒圆角

单击"C 绘图"—"F 倒圆角"，输入圆角半径 15，回车，选串连图素，用鼠标捕捉矩形上任一边，单击"执行"，矩形全部倒圆角，如图2-3所示。

图2-2 绘制两个矩形　　　　　　图2-3 大矩形倒圆角

4. 绘小矩形四角的圆

单击"C绘图"—"A圆弧"—"R点半径圆"，输入半径10，分别捕捉小矩形的4个对角点，绘出4个圆，如图2-4所示。

5. 把4个小圆修整成外圆弧

单击"M修整"—"T修剪延伸"—"3三个物体"，用鼠标捕捉小矩形的两条边和要留下的圆弧，完成一个角的修剪。同理，完成其他三个角的修剪，如图2-5所示。

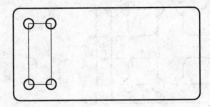 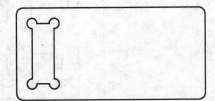

图2-4 绘小矩形四角的圆　　　　图2-5 把4个小圆修整成外圆弧

6. 绘制平行线

单击"C绘图"—"L直线"—"L平行线"—"S方向"—"距离"，系统提示"选择线"，用鼠标捕捉P1，系统提示"指定补正方向"，用鼠标在P1线的上方单击，系统提示"输入补正距离"，输入60，绘出直线P2。系统继续提示"选择线"，用鼠标捕捉P3，系统提示"指定补正方向"，用鼠标在P3线的下方单击，系统提示"输入补正距离"，输入60，绘出直线P4，如图2-6所示。

7. 修整图形

1）单击"M修整"—"T修剪延伸"—"D分割物体"，系统提示"选择要分割的曲线"，用鼠标单击P5点；系统提示"选择第一条边界"，用鼠标选择直线P2；系统提示"选择第二条边界"，用鼠标选择直线P4。同理，系统提示"选择要分割的曲线"，用鼠标单击P6点；提示"选择第一条边界"，用鼠标选择直线P2；系统提示"选择第二条边界"，用鼠标选择直线P4，如图2-7所示。分割后的图形如图2-8所示。

2）单击"M修整"—"T修剪延伸"—"1单一物体"，修剪后的图形如图2-9所示。

8. 平移图形

单击"X转换"—"T平移"—"W窗选"，选择大矩形里面的两个小图形，单击"D执行"—"R直角坐标"，输入平移矢量X75，在弹出的平移对话框中选择"处理方式"、"复制"，输入次数"3"，单击"确定"，如图2-10所示。完成平移后的图形如图2-11所示。

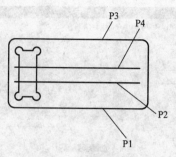

图 2-6 绘制平行线

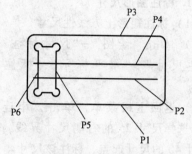

图 2-7 修整图形

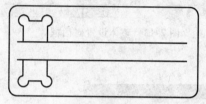

图 2-8 分割后的图形

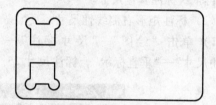

图 2-9 修剪后的图形

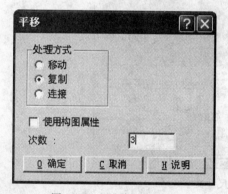

图 2-10 "平移"对话框

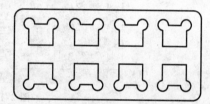

图 2-11 平移后的图形

9. 倒圆角

单击"M 修整"—"F 倒圆角"—"R 圆角半径",输入半径 8,选串连图素,用鼠标依次单击 8 个小图形,单击"执行",完成倒圆角,如图 2-12 所示。

10. 设置尺寸样式

单击"绘图"—"尺寸标注"—"整体设定",弹出整体设置对话框,如图 2-13 所示。

1) 在尺寸标签中设置坐标格式为:Decimal(十进制数);小数位数为 0;文字对中选中;公差设定为 None(无);如图 2-13 所示。

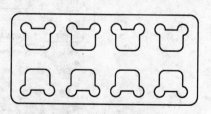

图 2-12 图形倒圆角

2) 尺寸文字设定。设置文字高度为 5;字型为 Stick,如图 2-14 所示。

3) 引导线/延伸线/箭头的设定,如图 2-15 所示。

11. 标注图形尺寸

（1）标注矩形上方线性尺寸

1）单击"绘图"—"尺寸标注"—"标注尺寸"—"水平标示"，标注尺寸25。

2）返回上级菜单，单击"串连标示"，选择尺寸25的右侧尺寸界线，作为尺寸40的尺寸起点，标注该尺寸。

3）选择尺寸35的位置，标注该尺寸，再依次标注其他尺寸。

（2）标注矩形右侧线性尺寸

1）单击"绘图"—"尺寸标注"—"标注尺寸"—"垂直标示"，标注尺寸25。

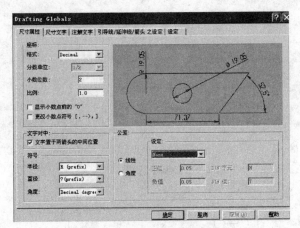

图2-13 整体设置对话框

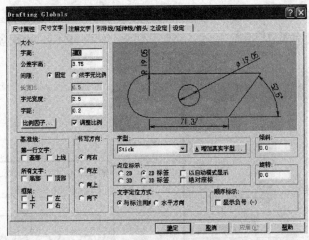

图2-14 设定尺寸文字

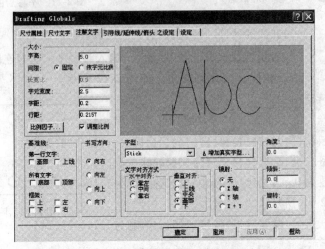

图2-15 引导线/延伸线/箭头的设定

2）返回上级菜单，单击"串连标示"，选择尺寸 25 的上侧尺寸界线，作为尺寸 35 的尺寸起点，标注该尺寸。

3）选择尺寸 30 的位置，标注该尺寸，再依次标注其他尺寸。

（3）标注矩形下方线性尺寸

1）单击"绘图"—"尺寸标注"—"标注尺寸"—"水平标示"，标注尺寸 25。

2）返回上级菜单，单击"基准标示"，选择尺寸 25 的起始尺寸界线，作为尺寸 315 的尺寸起点，标注该尺寸。

（4）标注矩形左侧线性尺寸

1）单击"绘图"—"尺寸标注"—"标注尺寸"—"垂直标示"，标注尺寸 25。

2）返回上级菜单，单击"基准标示"，选择尺寸 25 的起始尺寸界线，作为尺寸 150 的尺寸起点，标注该尺寸。

（5）标注圆弧尺寸

1）单击"绘图"—"尺寸标注"—"标注尺寸"—"引导线"，画出引导线。

2）单击"绘图"—"尺寸标注"—"标注尺寸"—"注解文字"，弹出注解文字对话框，如图 2-16 所示，输入"R10"，单击"确定"，用鼠标把文字放在引导线上，完成尺寸标注，如图 2-17 所示。

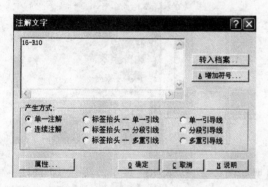

图 2-16 "注解文字"对话框

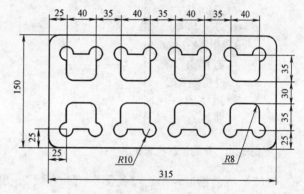

图 2-17 完成尺寸标注

12. 保存文件

在主功能菜单中单击"F 档案"—"S 存档"，输入文件名"蝴蝶.MC9"。

练习

1. 如何进行矩形的绘制？
2. 平移的处理方式有几种？

三、知识提示

1. 二维图形的绘制

可以通过二维图形的构建功能来完成简单图形的绘制，如点、直线、圆、圆弧、倒圆角、矩形和椭圆等。

进入基本二维图形的绘制菜单，从主菜单中"选择绘图"，打开绘图菜单，如图 2-18 所示。单击下一页，出现的菜单如图 2-19 所示。这里只介绍点、直线、圆、圆弧、倒圆角和矩形的绘制功能，其他绘制功能在以后介绍。

```
P 点
L 直线
A 圆弧
F 倒圆角
S 曲线
C 曲面曲线
U 曲面
R 矩形
D 尺寸标注
N 下一页
```

```
C 倒角
L 文字
T 呼叫副图
E 椭圆
P 多边形
B 边界盒
Eplot*
Gear*
Htable*
```

图 2-18　绘图菜单 　　　　　　　　　　　　　图 2-19　下一页菜单

（1）点的绘制　单击"绘图"—"P 点"，出现如图 2-20 所示功能菜单，提供 10 种绘制点的方法，再单击"P指定位置"出现如图 2-21 所示的菜单，提供点的输入方法。

```
P 指定位置
A 等分绘点
N 曲线节点
C 控制点
D 动态绘点
L 指定长度
S 剖切点
J 投影至面
G 网格点
B 圆周点
```

```
抓点方式：
O 原点(0,0)
C 圆心点
E 端点
I 交点
M 中点
P 存在点
L 选择上次
R 相对点
U 四等分位
K 任意点
```

图 2-20　点的绘制功能菜单 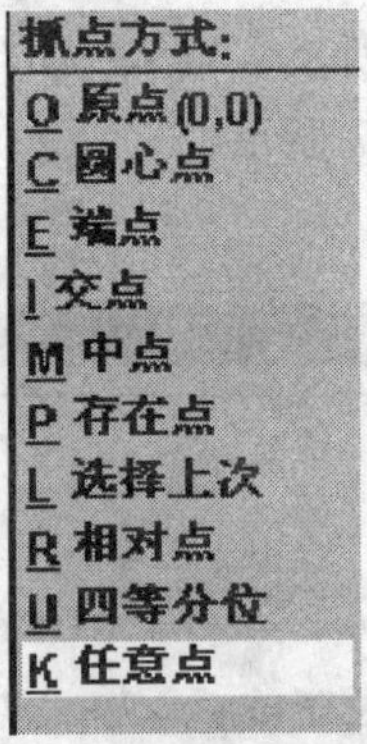　　　　　　　　　图 2-21　点的输入方法菜单

（2）线的绘制　单击"绘图"—"L 直线"，出现如图 2-22 所示功能菜单，提供 10 种绘制线的方法。

（3）圆的绘制　单击"绘图"—"A 圆弧"，出现如图 2-23 所示功能菜单，提供 4 种圆弧和 5 种圆的绘制方法。

```
H 水平线
V 垂直线
E 任意线段
M 连续线
P 极坐标线
T 切线
R 法线
L 平行线
B 分角线
C 连近距线
```

```
P 极坐标
E 两点画弧
3 三点画弧
T 切弧
2 两点画圆
I 三点画圆
R 点半径圆
D 点直径圆
G 点边界圆
```

图 2-22　线的绘制功能菜单 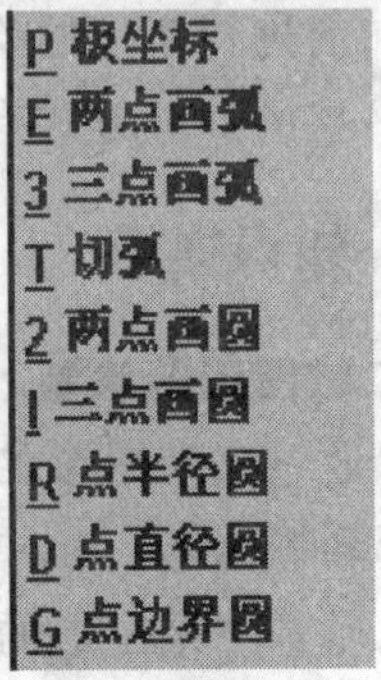　　　　　　　　　图 2-23　圆弧及圆的绘制功能菜单

（4）倒圆角　单击"绘图"—"F 倒圆角"，出现如图 2-24 所示功能菜单，提供 4 种倒圆角的绘制方法。

（5）矩形绘制　单击"绘图"—"R 矩形"，出现如图 2-25 所示功能菜单，提供 3 种矩形的绘制方法。

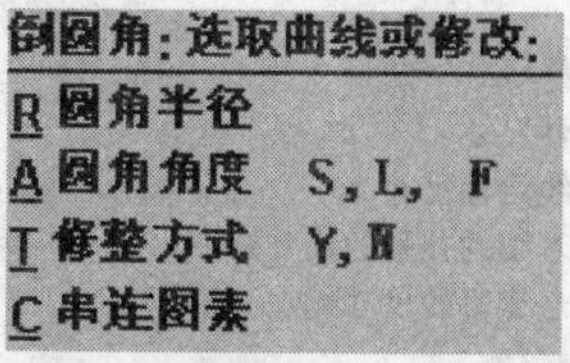

图 2-24　倒圆角功能菜单

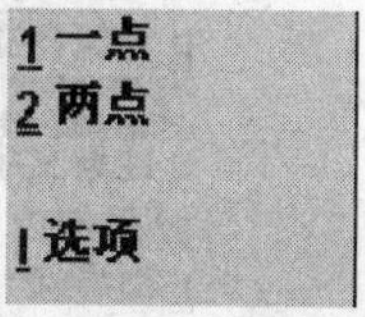

图 2-25　矩形绘制功能菜单

2. 二维图形的编辑

只学会基本的二维图形绘制是不够的，我们所见的图形大都是在基本图形的基础上经过编辑形成的。Mastercam 提供了方便而强大的编辑功能来形成我们所需要的图形，下面具体分析它的编辑功能。

（1）修整功能　可以改变现在图素的性质，提供了 10 种修整命令，如图 2-26 所示。

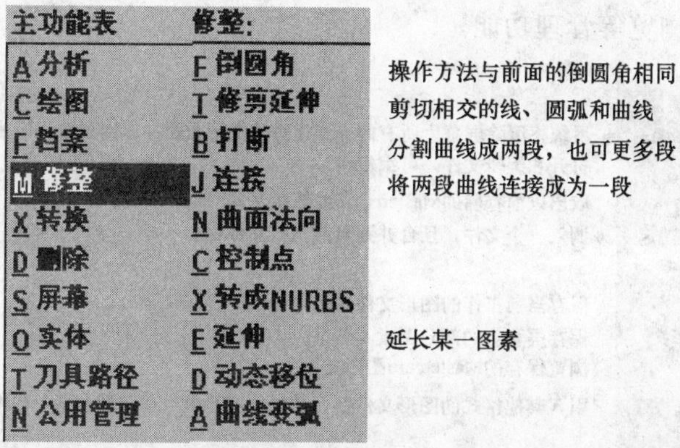

图 2-26　修整命令

（2）转换功能　如图 2-27 所示。

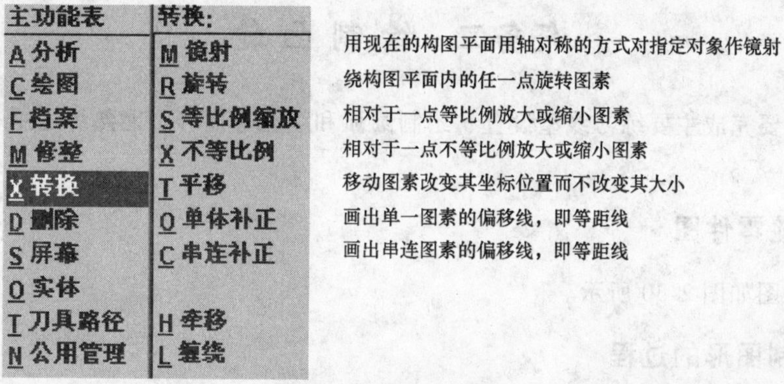

图 2-27　转换功能

(3) 删除功能　删除几何图形。

3. 尺寸标注

单击"绘图"—"尺寸标注"—"标注尺寸",弹出子功能菜单,提供了10种尺寸标注方法,如图2-28所示。

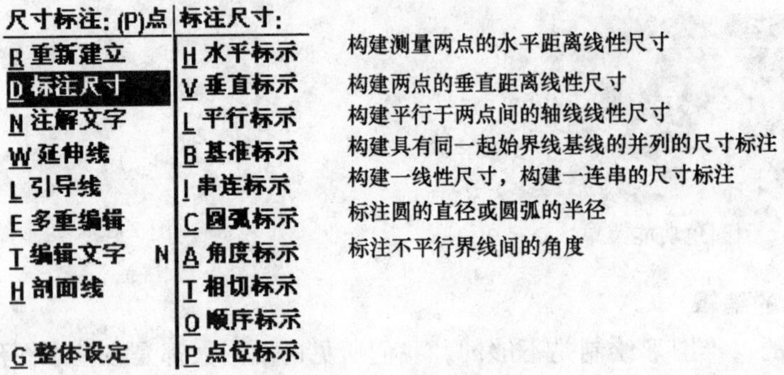

图 2-28　尺寸标注方法

4. 档案管理

单击主菜单中的"档案"选项,显示第一页菜单,如图2-29所示,提供了对文件进行新建、编辑、保存和浏览等管理功能。

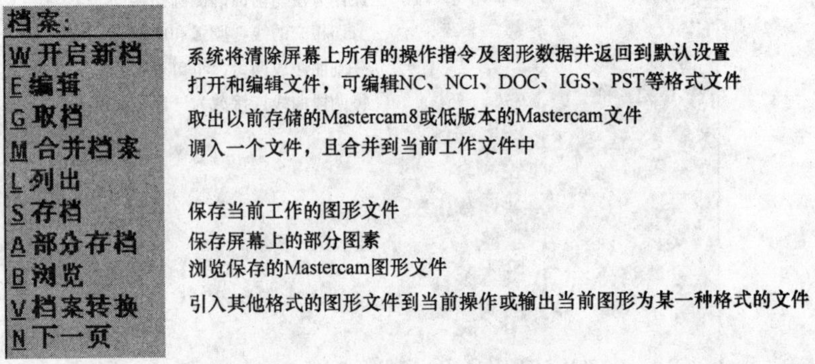

图 2-29　"档案"选项菜单

任务二　绘制凸轮

本任务主要完成主要练习线型设置、绘制圆弧和填充等内容,能熟练运用基本绘图命令和编辑命令。

一、凸轮零件图

凸轮零件图如图2-30所示。

二、绘制图形的过程

1. 分析

分析如图2-30所示凸轮的结构,可采用二维绘图的方法绘制。先绘制出中心线及中心

课题二 绘制二维图形

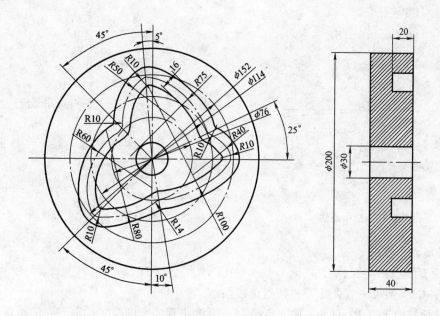

图 2-30 凸轮零件图

线圆,再用圆弧命令绘出 6 个圆弧并倒角形成凸轮的一条轮廓线,用补正的方法形成另两条线,并改变中间线线型,形成主视图后,绘制左视图并完成剖面线的填充。

2. 绘制中心线

1)设置构图面:T;视角:T。

2)绘制水平和垂直中心线。

① 设置线型:单击"线型—线宽",选中心线。

② 单击"绘图"—"直线"—"水平线",在屏幕水平方向的中间位置输入两点,在提示区输入 Y=0,绘成一条水平线。

③ 单击"绘图"—"直线"—"垂直线",在屏幕垂直方向的中间位置输入两点,在提示区输入 X=0,绘成一条垂直线。

3)绘制六线中心线。单击"绘图"—"直线"—"极坐标线":

① 指定起始位置:(0,0);输入角度:25;输入长度:115;

② 指定起始位置:(0,0);输入角度:95;输入长度:115;

③ 指定起始位置:(0,0);输入角度:135;输入长度:115;

④ 指定起始位置:(0,0);输入角度:-5;输入长度:115;

⑤ 指定起始位置:(0,0);输入角度:-80;输入长度:115;

⑥ 指定起始位置:(0,0);输入角度:-135;输入长度:115。

完成后的图形如图 2-31 所示。

3. 绘制三个中心线圆

单击"绘图"—"圆弧"—"点半径圆",输入半径 38,选中心,单击菜单中的"原点(0,0)",完成第一个圆。用同样的方法完成第 2、3 个圆,半径分别为 57 和 76,完成后如图 2-32 所示。

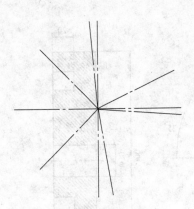

图 2-31 绘中心线

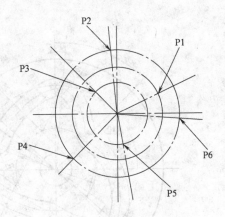

图 2-32 绘三个中心线圆

4. 绘制六个圆弧

1）设置线型：实线。

2）单击"绘图"—"圆弧"—"两点画弧"：

① 鼠标捕捉 P1、P2 两点，输入半径 75，系统出现四个圆弧，选取需要的圆弧 C1；

② 鼠标捕捉 P2、P3 两点，输入半径 50，系统出现四个圆弧，选取需要的圆弧 C2；

③ 鼠标捕捉 P3、P4 两点，输入半径 60，系统出现四个圆弧，选取需要的圆弧 C3；

④ 鼠标捕捉 P4、P5 两点，输入半径 80，系统出现四个圆弧，选取需要的圆弧 C4；

⑤ 鼠标捕捉 P5、P6 两点，输入半径 100，系统出现四个圆弧，选取需要的圆弧 C5；

⑥ 鼠标捕捉 P6、P1 两点，输入半径 40，系统出现四个圆弧，选取需要的圆弧 C6。

完成后的图形如图 2-33 所示。

5. 倒圆角

单击"绘图"—"倒圆角"—"圆角半径"，输入半径 10，用鼠标单击"C1"、"C2"，完成第一个倒圆角。同理，完成其他倒圆角，只有 C4、C5 之间的倒圆角半径不同，输入半径 14，全部完成后如图 2-34 所示。

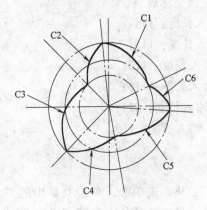

图 2-33 绘制六个圆弧

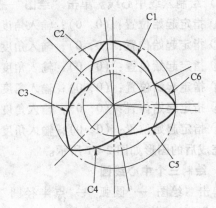

图 2-34 倒圆角

6. 补正

单击"转换"—"串连补正"—"串连",用鼠标单击前面操作中所画的圆弧,单击"执行",在出现的"串连补正"对话框中,选择"左、右补正"各1次,补正距离8,如图2-35所示。完成后的图形如图2-36所示。

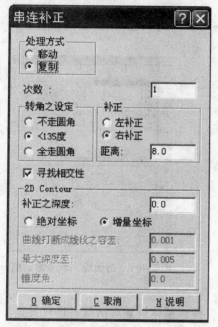

图 2-35 "串连补正"对话框

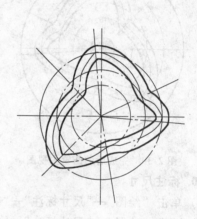

图 2-36 补正后的图形

7. 改变线型

将槽中间的线型改变成中心线。

单击"屏幕"—"改变属性",打开"修改属性"对话框,如图2-37所示,设置线型为中心线,单击"确定"。在菜单中选"串连",用鼠标单击中间的线,实线变成中心线,如图2-38所示。

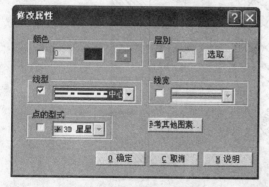

图 2-37 "修改属性"对话框

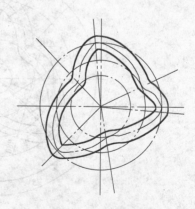

图 2-38 改变线型

8. 绘圆

单击"绘图"—"圆弧"—"点半径圆",输入半径 100,选中心,鼠标单击"原点(0,0)。用同样的方法绘制 D = 30 的圆,完成后如图 2-39 所示。

9. 绘制左视图

1)选用绘线命令和编辑命令绘制左视图。

2)绘制剖面线。单击"绘图"—"尺寸标注"—"剖面线",弹出剖面线设置的对话框,如图 2-40 所示。

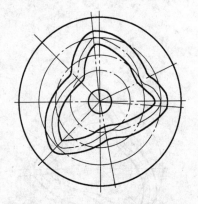

图 2-39 完成后的凸轮主视图

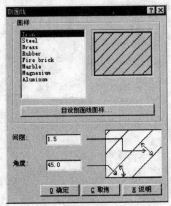

图 2-40 "剖面线"设置对话框

10. 标注尺寸

1)单击"绘图"—"尺寸标注"—"整体设定",弹出整体设置对话框,进行设置。

2)单击"绘图"—"尺寸标注"—"标注尺寸"—"圆弧标示",标注各圆弧尺寸。

3)单击"绘图"—"尺寸标注"—"标注尺寸"—"角度标示",标注各角度。

4)单击"绘图"—"尺寸标注"—"标注尺寸"—"水平标示"或"垂直标示",进行左视图的标注。

完成后如图 2-41 所示。

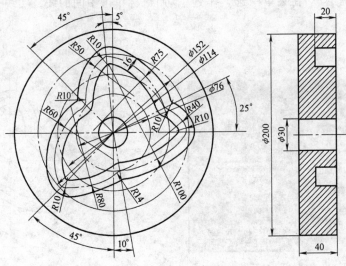

图 2-41 尺寸标注

11. 保存文件

在主功能菜单中单击"F 档案"—"S 存档",输入文件名"凸轮.MC9"。

练习

1. 圆弧的绘制方法有哪些?
2. 如何改变图素属性?

三、知识提示

1. 线型和线宽的设置

设置方法有如下两种。

1)单击辅助菜单中的"线型/线宽"按钮,弹出对话框如图 2-42 所示,进行线型和线宽的设置。

图 2-42 "线型/线宽"对话框

2)单击"屏幕"—"改变属性",打开"修改属性"对话框进行设置,如图 2-37 所示。

2. 圆弧的绘制

单击"绘图"—"圆弧",显示如图 2-43 所示菜单,可以从中选择不同的方法绘制圆和圆弧。

P 极坐标	用极坐标方式(输入圆心点、半径与起始、终止角度)画弧
E 两点画弧	通过两个端点及半径画弧
3 三点画弧	过3个已知点画弧
T 切弧	通过两图素的切点画弧
2 两点画圆	以两端点为直径绘圆
I 三点画圆	过3个已知点画圆
R 点半径圆	输入圆心位置及半径绘圆
D 点直径圆	输入圆心位置及直径绘圆
G 点边界圆	输入圆心位置及圆周上的一点绘圆

图 2-43 圆弧的绘制菜单

任务三 绘制圆标牌

本任务主要完成绘制圆形、文字输入及尺寸标注等内容。

一、圆标牌图形

圆标牌图形如图 2-44 所示。

二、绘制线框图的过程

1. 分析

分析如图 2-44 所示圆标牌的结构,采用二维绘图中圆弧、文字等基本绘图功能完成图形，并进行标注。首先绘制两同心圆，再绘制文字，最后进行尺寸标注。

2. 绘制两圆

1) 设置构图面：T；视角：T。

2) 绘制两个圆。在主功能菜单中单击"C绘图"—"A圆弧"—"R点半径圆"，分别输入半径60和46，完成两个圆，如图2-45所示。

3. 绘制文字

（1）绘两个圆之间的文字 单击"C绘图"—"N下一页"—"L文字"—"F档案"—"L方块字"，输入文字高度6，回车，输入文字间距0.15，回车，系统提示"把文字排列在圆弧上吗"，输入"是"。输入圆弧中心坐标（0，0），输入圆弧半径50，系统提示"将文字写在圆弧顶部或底部"，输入顶部，输入文字"CHANGSHA NO.2 MACHINE TOOLS WORKS"，回车，完成后的图形如图2-46所示。

图2-44 圆标牌零件图

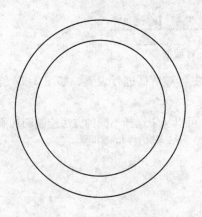

图2-45 绘制两个圆

图2-46 绘外圈的文字

（2）绘内圈文字 以同样的方法绘制内圈文字630 LATHE，文字高度8，文字间距1.6，选择"将文字排列在圆弧顶部"，圆弧中心坐标（0，0），半径36，完成后的图形如图2-47a所示。

a)

b)

图2-47 绘内圈的文字

以同样的方法绘制内圈文字"GOOD",文字高度 8,文字间距 1.6,选择"将文字排列在圆弧底部",圆弧中心坐标 (0,0),半径 36,完成后的图形如图 2-47b 所示。

(3) 绘制中心文字 以同样的方法绘制中心文字,文字高度 10,文字间距 1.6,系统提示"把文字排列在圆弧上吗",输入"否"。系统提示"输入文字起始位置",输入"(-12.5,-5.5)",输入文字"NC",完成后的图形如图 2-48 所示。

4. 标注尺寸

1)单击"C 绘图"—"D 尺寸标注"—"D 标注尺寸"—"垂直标示",标注垂直尺寸 6,8,10。

2)单击"C 绘图"—"D 尺寸标注"—"D 标注尺寸"—"圆弧标示",标注圆弧尺寸 φ92,φ120。

完成圆标牌的绘制及尺寸标注,如图 2-44 所示。

5. 保存文件

在主功能菜单中单击"F 档案"—"S 存档",输入文件名"圆标牌.MC9"。

练习

1. 如何绘制水平文字?
2. 如何绘制圆弧顶部文字?

图 2-48 绘制中心文字

三、知识提示

绘制文字的步骤如下:

1)单击"绘图"—"下一页",弹出绘制文字功能菜单,如图 2-49 所示。

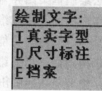

图 2-49 绘制文字功能菜单

2)单击"真实字型",弹出文字设置对话框,如图 2-50 所示,选择一种字体、字体样式和字体大小等,按"确定"按钮。

3)在提示区输入文字,回车。

4)键入字的高度,回车,出现书写方向菜单,如图 2-51 所示。

5)选择书写方向。

6)按"回车"按钮,接受默认的字间距(或键入一个新值,回车),显示点输入菜单。

7)输入一点,确定文字位置。

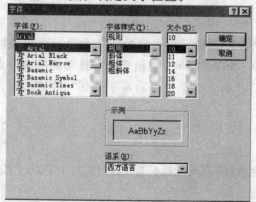

图 2-50 文字设置对话框

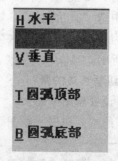

图 2-51 书写方向菜单

课题三 绘制三维图形

任务一 绘制角铁图形

本任务主要完成三维图形的绘制以及空间标注等内容。

一、角铁零件图

角铁零件图如图 3-1 所示。

二、绘制线框图的过程

1. 分析

分析如图 3-1 所示角铁的结构,采用三维绘图的方法绘制框架图并对其进行标注。首先选择前视图作构图面,用三维绘图中的绘连续线,编辑中的平移、修剪等功能画出其主体;其次选择俯视图作构图面,用三维绘图中的绘圆弧、切线及平移、修剪等功能画出U形槽,完成零件图的绘制;最后进行尺寸样式设置,并进行尺寸标注。

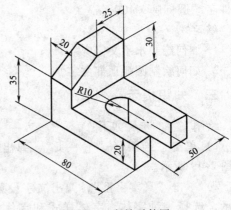

图 3-1 角铁零件图

2. 绘制多边形

1)设置视角:等角视图 I;构图面:前视图 F。

2)绘制多边形。单击"绘图"—"直线"—"连续线",输入坐标(0,0)、(80,0)、(80,20)、(20,20)、(20,50)、(0,50)和(0,0),按"ESC"键退出,如图 3-2 所示。

3. 平移多边形

单击"转换"—"平移"—"窗选",选中所有的图形,单击"执行"命令,在出现的平移菜单中选"直角坐标",输入平移向量㊀ "Z-50",回车,在出现的平移对话框中设置处理方式为"连接",输入次数"1"次,如图 3-3 所示。单击"确定"按钮,完成平移,如图 3-4 所示。

4. 切垂直边的角

1)设置构图平面:S;工作深度 Z:20。

2)绘线。单击"绘图"—"直线"—"任意线段",用鼠标捕捉 P1、P2 两个中点,完成

㊀ 向量在标准中应为矢量,本书中为与软件统一,使用向量。

课题三 绘制三维图形

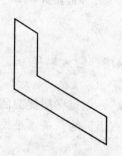

图 3-2 绘多边形

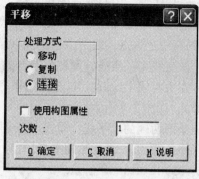

图 3-3 "平移"对话框

斜线的绘制,如图 3-5 所示。

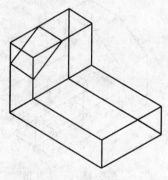

图 3-4 平移后的图形

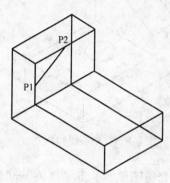

图 3-5 绘斜线

3）平移斜线。单击"转换"—"平移",选中上面画的斜线,单击"执行"命令,在出现的平移菜单中选"直角坐标",输入平移矢量"Z-20",回车,在出现的平移对话框中设置处理方式为"连接",输入次数"1"次,单击"确定"按钮,完成平移,如图 3-6 所示。

4）修整。在主功能菜单中单击"修整"—"修剪延伸"—"单一物体",修整图形,删除多余的线段,完成后如图 3-7 所示。

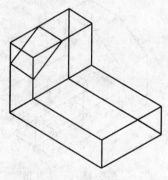

图 3-6 平移斜线

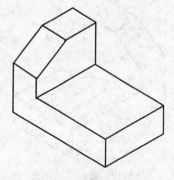

图 3-7 修整

5. 绘底板上的圆弧槽

1）设置构图面:T;工作深度 Z:20。

21

2)设置线型:中心线;颜色:红色。

3)绘水平中心线。单击"绘图"—"直线"—"水平线",用鼠标捕捉 P1 线的中点作为水平线的第一个端点,绘一条水平线(输入 Y 轴坐标:25)。

4)改变线型:实线;颜色:与开始颜色相同。

5)在中心线上绘圆。单击"绘图"—"圆弧"—"点半径圆",输入半径 10,输入中心(40,25),如图 3-8 所示。

6)绘圆两侧的水平线。单击"绘图"—"直线"—"水平线",用鼠标捕捉圆的四等分点 A,绘一条水平线(输入 Y 轴坐标:15);再捕捉圆的四等分点 B,绘一条水平线(输入 Y 轴坐标:35),如图 3-9 所示。

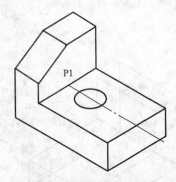

图 3-8 绘中心线和圆

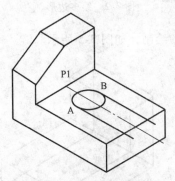

图 3-9 绘圆两侧的水平线

7)修整图形。单击"修整"—"修剪延伸",用"分割物体"、"三个物体"及"单一物体"命令修整图形,完成后如图 3-10 所示。

6. 平移 U 槽

在主功能菜单中单击"转换"—"平移",用鼠标选定 L 线(一段圆弧两条直线),在菜单中单击"执行"—"直角坐标",输入平移向量"Z-20",回车,在出现的平移菜单中设置处理方式为"连接",输入次数"1"次,单击"确定"按钮,完成平移,如图 3-11 所示。

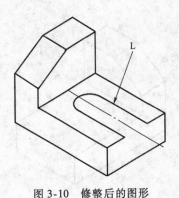

图 3-10 修整后的图形

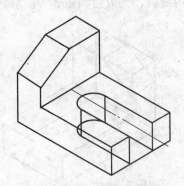

图 3-11 平移 U 槽

7. 修整图形

修整图形,删除隐线,完成后如图 3-12 所示。

8. 尺寸标注

（1）设置标注样式（略）

（2）尺寸标注

1）构图面：T。

① 设置工作深度：0；单击"绘图"—"尺寸标注"—"标注尺寸"—"水平标示"，标注角铁的总长尺寸80。

② 设置工作深度：20。单击"绘图"—"尺寸标注"—"标注尺寸"—"垂直标示"，标注角铁的总宽尺寸50和槽宽20；单击"水平标示"，标注圆心位置尺寸20；单击"圆弧标示"，标注圆心半径尺寸R10。

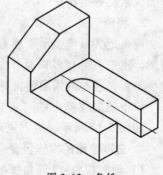

图3-12 角铁

2）构图面：F。

① 设置工作深度：0；单击"绘图"—"尺寸标注"—"标注尺寸"—"垂直标示"，标注高度尺寸35和20。

② 设置工作深度：单击"Z：0.0"工作深度按钮，用鼠标点取图3-5中的点P。单击"绘图"—"尺寸标注"—"标注尺寸"—"水平标示"，标注尺寸20。

3）构图面：S；设置工作深度：20。单击"绘图"—"尺寸标注"—"标注尺寸"—"水平标示"，标注尺寸25；单击"绘图"—"尺寸标注"—"标注尺寸"—"垂直标示"，标注尺寸35。

9. 保存文件

在主功能菜单中单击"F档案"—"S存档"，输入文件名"角铁.MC9"。

练习

1. 如何进行三维图形的绘制？
2. 如何进行三维图形的尺寸标注？

三、知识提示

三维图形是在一定空间，包含一个或多个面的几何图形，它的绘制不同于二维图形，绘制时必须通过变换构图面、工作深度和视角来实现。

1. 构图面

构图面用于设置合适的构图平面，以便构建几何图形。构图面是用户当前要使用的绘图平面，与工作坐标系平行。设置好构图平面后，绘出的所有图形都在构图面上。如将构图面设置为俯视图，则所绘制的图形就产生在平行于水平面的构图面上。

单击辅助菜单区的"构图面"按钮，出现构图平面的子功能菜单，如图3-13所示，进入构图面设置。

2. Z工作深度

工作深度用来设定系统目前绘图平面的工作深度，该构图深度是相对于系统原点来定义的。使用时单击"Z：0.000"按钮，主菜单位置显示抓点方式菜单，选用该菜单或用光标设置指定，则所选点即为工作深度；也可在主菜单区显示点输入菜单时，用键盘输入数值，按"Enter"

图3-13 构图平面的子功能菜单

CAD/CAM——Mastercam 应用

键确认来设置工作深度。

3. 视角

视角定义目前显示于屏幕上的视图角度，以便在工作区内更好地观测图形。视角不需与刀具面、构图面一致，但需注意当图形视角选择某一标准视角后，当前的构图面将变为与图形视角一致的方向。

单击辅助菜单中的"视角：T"按钮，主菜单区出现视角的子功能菜单，如图 3-14 所示，进入视角设置。

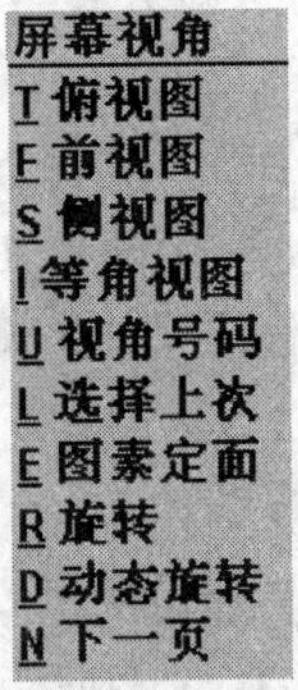

屏幕视角
T 俯视图
F 前视图
S 侧视图
I 等角视图
U 视角号码
L 选择上次
E 图素定面
R 旋转
D 动态旋转
N 下一页

图 3-14 视角的子功能菜单

4. 三维绘图的操作步骤

1）设置视角：I 等角视图。
2）设置合适的构图面。
3）确定工作深度。
4）用绘图功能绘制图形。

5. 空间图形的尺寸标注

1）设置尺寸标注样式。
2）选择构图面。
3）确定工作深度。
4）用尺寸标注功能对图形进行尺寸标注。

任务二　绘制电吹风图形

本任务主要完成三维图形的绘制、曲面的绘制与编辑等内容。

一、电吹风零件图

电吹风零件图如图 3-15 所示。

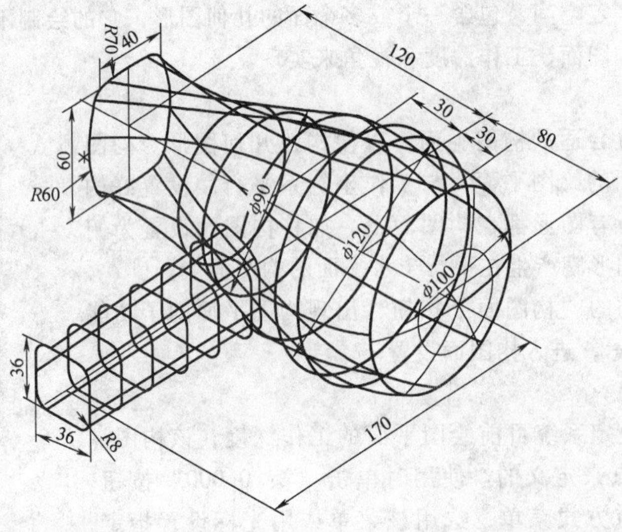

图 3-15　电吹风零件图

二、绘制线框图的过程

1. 分析

分析如图 3-15 所示电吹风的结构，可使用空间绘图命令和曲面命令完成其绘制。在等角视图下，首先在俯视图的不同深度绘制电吹风的截面形状，用举升曲面和旋转曲面完成主体绘制；再绘出电吹风手柄的截面图，用直纹曲面命令完成手柄的绘制；最后进行曲面修整，完成电吹风图形的绘制。

2. 绘中心线

1）设置视角：I；构图面：T。

2）绘中心线。

① 设置线型：中心线。单击"绘图"—"直线"—"水平线"，在屏幕水平方向的中间位置输入两点，在提示区输入"Y=0"，绘成一条水平线。

② 单击"绘图"—"直线"—"垂直线"，在屏幕垂直方向的中间位置输入两点，在提示区输入"X=0"，绘成一条垂直线，如图 3-16 所示。

3. 绘制吹风机主体

1）设置构图面：S；工作深度 Z：-120。

2）设置线型：实线。

3）绘制矩形。单击"绘图"—"矩形"—"两点"，输入两点坐标：(-20，-30) 和 (20，30)，完成矩形的绘制，如图 3-17 所示。

图 3-16 中心线

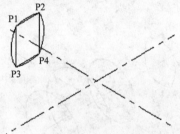

图 3-17 绘制矩形和圆弧

4）绘制矩形上下左右的圆弧。

① 单击"绘图"—"圆弧"—"两点画弧"，用鼠标捕捉 P1、P2 两点，在提示区输入半径 70，系统出现四条圆弧，选取需要的圆弧，完成上面圆弧的绘制。用同样的方法完成下面圆弧的绘制。

② 单击"绘图"—"圆弧"—"两点画弧"，用鼠标捕捉 P1、P3 两点，在提示区输入半径 60，系统出现四条圆弧，选取需要的圆弧，完成左面圆弧的绘制。用同样的方法完成右面圆弧的绘制，如图 3-17 所示。

5）删除不要的线段。删除上一步画的矩形，如图 3-18 所示。

6）倒圆角。单击"绘图"—"倒圆角"—"圆角半径"，输入半径 6，选"串连"，用鼠标单击上面的圆弧，单击"执行"命令，全部倒圆角，如图 3-19 所示。

7）轴上绘三个圆。

① 设置工作深度"Z：-30"。单击"绘图"—"圆弧"—"点半径圆"，输入半径45，输入中心（0，0），完成第一个圆。

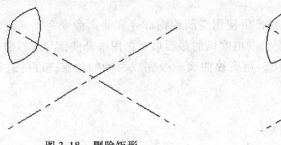
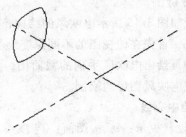

图3-18 删除矩形　　　　　　　　　图3-19 倒圆角

② 设置工作深度"Z：30"。单击"绘图"—"圆弧"—"点半径圆"，输入半径60，输入中心（0，0），完成第二个圆。

③ 设置工作深度"Z：80"。单击"绘图"—"圆弧"—"点半径圆"，输入半径50，输入中心（0，0），完成第三个圆，如图3-20所示。

8）绘主体右端盖的圆弧。

① 设置构图面：T。

② 设置工作深度Z：用鼠标捕捉C1圆的圆心。

③ 单击"绘图"—"圆弧"—"两点画弧"，用鼠标捕捉C1圆两边的四等分点，在提示区输入半径100，系统出现四条圆弧，选取需要的圆弧L1，如图3-21所示。

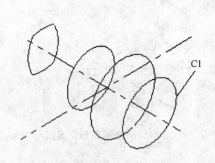
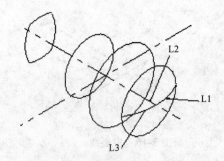

图3-20 轴上绘三个圆　　　　　　　图3-21 绘主体右端盖的圆弧

9）修剪L1。单击"修整"—"修剪延伸"—"单一物体"，鼠标选取L1修整到L2，修剪掉L3段，如图3-22所示。

4. 绘制电吹风手柄

1）设置构图平面：F；工作深度Z：170。

2）绘制矩形。单击"绘图"—"矩形"—"两点"，输入两点坐标：（-18，-18）和（18，18），完成矩形的绘制，如图3-23所示。

3）矩形倒圆角。单击"绘图"—"倒圆角"—"圆角半径"，输入半径8，选"串连"，用鼠标单击R1点，单击"执行"命令，全部倒圆角，如图3-24所示。

4）轮廓补正。单击"转换"—"串连补正"，用鼠标顺时针串选矩形轮廓，单击"执行"命令,在出现的串连补正对话框中设置处理方式为"复制";选取补正为左补正;补正距离为4,按"确定"按钮,完成轮廓补正,如图3-25所示。

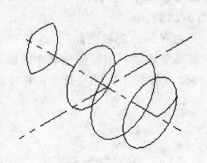

图3-22 修剪L1

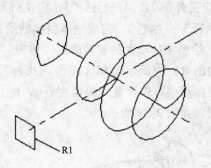

图3-23 绘矩形

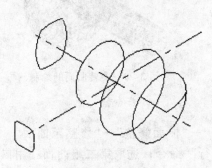

图3-24 倒圆角

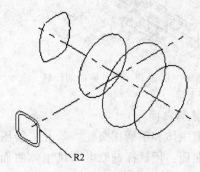

图3-25 轮廓补正

5)平移R2。单击"转换"—"平移",选"串连",用鼠标选定R2线,在菜单中单击"执行"—"执行"—"直角坐标",输入平移向量"Z-170",回车,在出现的平移菜单中设置处理方式为"移动";输入次数"1"次,单击"确定"按钮,完成平移,如图3-26所示。

5. 绘制手柄曲面

单击"绘图"—"曲面"—"直纹曲面",定义外形1:用鼠标选R1,定义外形2:用鼠标选R2,单击"执行"—"执行",完成手柄曲面的绘制,如图3-27所示。

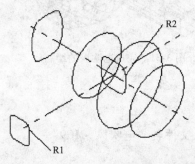

图3-26 平移图形

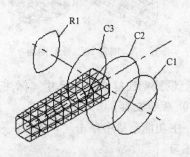

图3-27 直纹曲面的绘制

6. 绘制主体曲面

（1）绘制主体的举升曲面　单击"绘图"—"曲面"—"举升曲面"，定义外形1：用鼠标选R1，定义外形2：用鼠标选C3，定义外形3：用鼠标选C2，定义外形4：用鼠标选C1，单击"执行"—"执行"，完成主体曲面的绘制，如图3-28所示。

（2）绘制主体端面的旋转曲面　单击"绘图"—"曲面"—"旋转曲面"，选择"单体"，要产生的图素：用鼠标选L1，单击"执行"命令；选择旋转轴：用鼠标选取中心线，在出现的旋转曲面菜单中设置起始角度：0，终止角度：360，单击"执行"命令，完成旋转曲面的绘制，如图3-29所示。

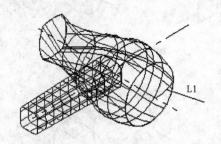
图3-28　举升曲面的绘制

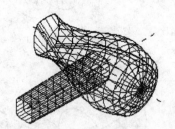
图3-29　旋转曲面的绘制

7. 修剪曲面

修剪主体和手柄相交处。单击"绘图"—"曲面"—"曲面修整"—"修整至曲面"，选取第一组曲面：用鼠标选取电吹风主体曲面，按"执行"命令；选取第二组曲面：用鼠标选取电吹风手柄曲面，单击"执行"—"执行"命令；选取曲面修整后要保留的图形：依次用鼠标选取主体和手柄要保留的图形，系统自动修整曲面，如图3-30所示。

8. 删除R2

选择"删除"，用鼠标选"串连"，删除R2，完成电吹风的绘制，如图3-31所示。

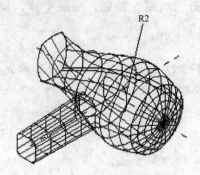
图3-30　修整曲面

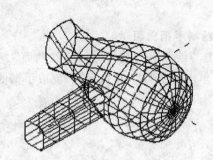
图3-31　完成电吹风的绘制

9. 设置标注样式标注尺寸（标注过程略）

10. 保存文件

在主功能菜单中单击"F档案"—"S存档"，输入文件名"电吹风.MC9"。

练习

1. 如何设置构图深度？

2. 曲面的形成方法有哪些？

三、知识提示

1. 三维曲面构图命令

三维曲面构图用于绘制复杂的曲面形状，单击"绘图"—"曲面"即可进入曲面构建菜单，如图3-32所示，单击"下一页"，出现下一级子菜单，提供了5种命令。从菜单中选择相应功能即可绘制、编辑曲面。

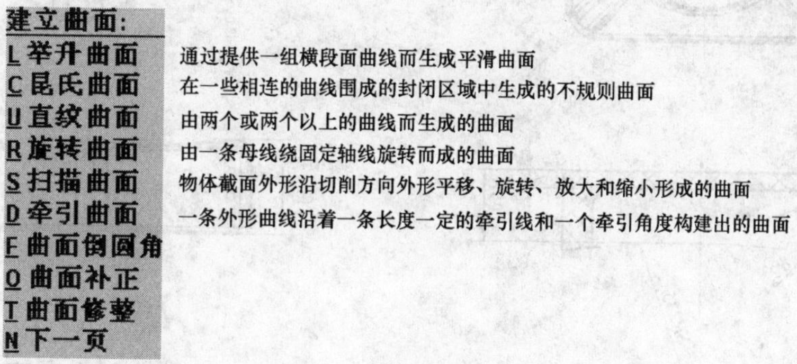

```
建立曲面：
L 举升曲面      通过提供一组横段面曲线而生成平滑曲面
C 昆氏曲面      在一些相连的曲线围成的封闭区域中生成的不规则曲面
U 直纹曲面      由两个或两个以上的曲线而生成的曲面
R 旋转曲面      由一条母线绕固定轴线旋转而成的曲面
S 扫描曲面      物体截面外形沿切削方向外形平移、旋转、放大和缩小形成的曲面
D 牵引曲面      一条外形曲线沿着一条长度一定的牵引线和一个牵引角度构建出的曲面
F 曲面倒圆角
O 曲面补正
T 曲面修整
N 下一页
```

图 3-32　曲面构建菜单

2. 绘制三维曲面的步骤

1) 选择构图面和构图深度绘制曲线。
2) 单击"绘图—曲面"，选择相应的曲面构建命令，绘制曲面。
3) 单击"绘图—曲面"，选择相应的曲面修整命令，编辑曲面。

任务三　绘制烟灰缸图形（实体模型绘制）

本任务主要完成工作坐标系 WCS 的设置以及实体的挤出、旋转切割、挤出切割和倒圆角等内容。

一、烟灰缸零件图

烟灰缸零件图如图 3-33 所示，材料为铝，表面粗糙度值 Ra 要求为 $3.2\mu m$。

二、绘制线框图的过程

1. 分析

分析如图 3-33 所示烟灰缸的结构，可采用实体造型的方法绘制其模型。先采用挤出实体的方法绘制主体图形，再采用挤出实体切割的方法绘制内腔及四个烟槽，然后采用旋转实体切割的方法绘制顶部曲面特征，最后采用实体倒圆角的方法绘制圆角。

2. 绘制矩形外形

1) 设定构图平面为 T，构图深度为 Z：0，当前图层设置为 1，命名为"俯视图线框架"。
2) 绘制一个 96×96 的四边形。单击"绘图"—"矩形"—"点"命令，在对话框中输入

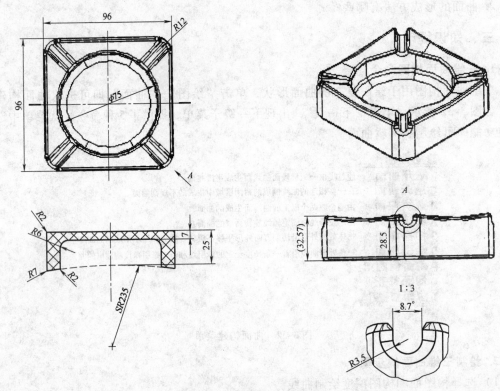

图 3-33 烟灰缸零件图

宽度为 96，高度为 96，单击确定按钮后，捕捉原点为中心点，这样就可绘制好尺寸为 96×96 的四边形，如图 3-34 所示。

3. 绘制圆内腔

设定构图深度为 Z：7，单击"绘图"—"圆弧"—"点直径圆"命令，在信息提示区出现提示"请输入直径"，"输入 75"，回车，捕捉原点为中心点，这样就可绘制好 $\phi75$ 的圆，如图 3-34 所示。

4. 设定新工作坐标系 WCS

工作坐标系 WCS 就是构图平面的 X、Y 坐标轴加上垂直于构图面的 Z 轴构成的一个坐标系统。用户可以选择任何一个构图平面来定义 WCS。定义了新的 WCS 后，系统默认 8 个标准构图平面（1-8），是以新的工作坐标系 WCS 为基准的 8 个新的构图平面。系统默认的工作坐标系是以俯视图（T）为构图平面而建立的，视角号码为 1，表示为"WCS：T"，其中的"T"是俯视图（TOP）的第一个英文字母。

为了方便构建顶面圆弧面的旋转截面以及烟灰槽，将系统默认的工作坐标系的 X、Y 坐标轴绕 Z 轴旋转 45°，构成新的工作坐标系（9 号系统视角），在新的工作坐标系（WCS：9）下绘图。

（1）设定新的构图平面 采用旋转定面的方法，设定新的构图平面（构图平面号码为 9），步骤如下：

1）设定图形视角为等角视图（I）。

2）单击"构图平面"—"旋转定面"—"针对 Z"命令，过程如图 3-35 所示。

课题三 绘制三维图形

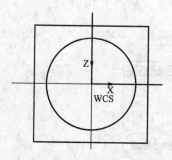

图 3-34 俯视图线框架图

图 3-35 旋转定面菜单

3）在信息提示区出现提示"旋转角度"，输入"45"，回车，X、Y 坐标轴绕 Z 轴旋转 45°，如图 3-36 所示。

4）单击"存档"命令，则设定构图平面号码为 9，如图 3-37 所示。

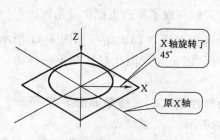

图 3-36 X、Y 坐标轴绕 Z 轴旋转 45°

图 3-37 辅助菜单

（2）设定工作坐标系为 9 号系统视角 以新的构图平面（号码为 9）为基准，建立新的工作坐标系，方法如下：

1）单击"WCS：T"命令，出现如图 3-38 所示的对话框。

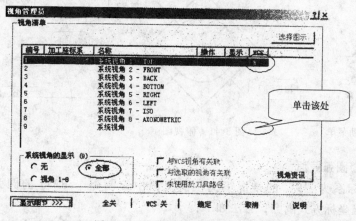

图 3-38 "视角管理员"对话框

2）在"系统视角的显示"处，单击选中"全部"，系统显示出第 9 视角。

3）单击第 9 行的 WCS 列下的空格，则出现字母"W"，该行改变为蓝颜色，表示工作坐标系统从原来默认的系统视角 1-TOP 改为建立在系统视角 9 上，如图 3-39 所示。

图 3-39 "视角管理员"对话框

4）单击"确定"按钮，将工作坐标系统设为 9 号系统视角，如图 3-40 所示。表示 9 号构图面的 X、Y 坐标轴加上垂直于构图面的 Z 轴构成了新的工作坐标系统。

5）单击工具按钮"□"，将图形视角设为俯视图（T），结果如图 3-41 所示。新的工作坐标系 WCS：9 的 X 轴正向水平向右，此时的图形与原图比显然是不一样的，看起来旋转了 45°。

6）单击"工具"按钮，将图形视角设为前视图（F），结果如图 3-42 所示，则图 3-41 中的顶点 1、顶点 2 的位置改变为如图 3-42 的所示。

注意：设定新的工作坐标后，单击视角平面与构图平面的工具按钮，都是以新的工作坐标为基准来设置视角平面与构图平面，这样一来，可以很方便地利用 8 个标准构图平面来绘图。

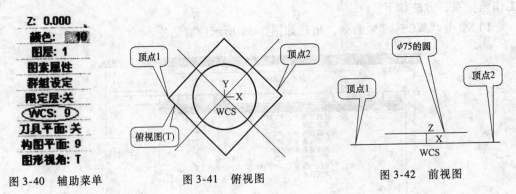

图 3-40 辅助菜单　　图 3-41 俯视图　　图 3-42 前视图

5. 绘制顶面圆弧截面

在工作坐标系为"9"的情况下，在前视图中绘制一个 R235 的圆弧，圆心在（0，260），可采用极坐标方式画圆，方法如下：

1）单击"工具"按钮，设定构图平面为前视图（F），构图深度为 Z：0，当前图层为 2，命名为"旋转截面"。

2）单击"绘图"—"圆弧"—"极坐标"—"任意角度"命令。

课题三 绘制三维图形

3）在信息提示区出现提示"极坐标画弧：请指定圆心点"，输入（0，260），回车。

4）在信息提示区出现提示"输入半径"，输入235，回车。

5）单击选中左边的某一位置为起始点。

6）单击选中右边的某一位置为终止点。

7）绘制好R235的圆弧，如图3-43所示。

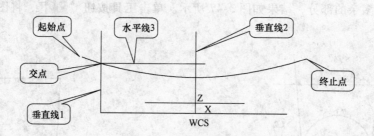

图3-43 绘制旋转截面草图

8）通过顶点1的位置绘制垂直线1，在X坐标为0的位置绘制垂直线2，通过垂直线1与圆弧的交点绘制水平线3，修剪成如图3-44所示的旋转截面图形，实体截面要求封闭。

9）单击工具按钮"⬚"，将图形视角设为等角视角（I），结果如图3-45所示。

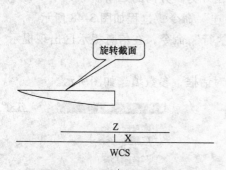

图3-44 旋转截面前角视图

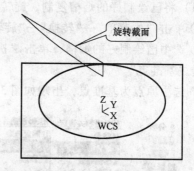

图3-45 旋转截面等角视图

6. 绘制烟槽

为保持画面的整洁，方便画图，现将原有图素隐藏，按"Alt+F7"键，或单击"屏幕"—"隐藏图素命令"，窗选所有图素，则所有图素都消失了。

绘制一烟槽，底部圆直径为φ7，圆心为（0，28.5），两边的夹角为8.6°，绘图过程如下：

1）设构图平面为前视图（F），工作深度为Z：0，当前图层为3，命名为"烟槽截面"。

2）单击"绘图"—"圆弧"—"点直径圆"命令，在信息提示区输入圆的直径7，回车，输入（0，28.5）为圆心点。绘制好直径为7的圆C1，如图3-46所示。

3）单击"主菜单"—"绘图"—"直线"—"水平线"命令，通过原点，绘制好直线L1，如图3-46所示。

4）单击"绘图"—"直线"—"切线"—"角度"命令，由已知角度画切线。

5）在信息提示区出现提示"请选择圆弧或曲线"，单击圆弧C1。

33

6)在信息提示区出现提示"请输入角度",输入"90-8.6/2",回车。

7)在信息提示区出现提示"请输入线长",输入"12",回车,出现两条直线。

8)在信息提示区出现提示"请选择要保留的线段",选择上面的一条直线,画好直线L2。

9)用同样办法绘制好L3,输入角度改为"90+8.6/2"。

10)修剪多余的部分,结果如图3-47所示。单击工具按钮"",将图形视角设为等角视图(I)。

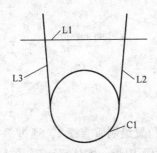

图3-46 烟槽截面草图

图3-47 烟槽截面

11)将已绘制好的烟槽复制,旋转90°,绘制好另一方向的烟槽。

① 单击"主菜单"—"转换"—"旋转"—"串连"命令,过程如图3-48所示。

② 选中已绘制好的烟槽,单击"执行"—"执行"命令,在信息提示区出现提示"请指定旋转之基准点"。

③ 选中原点为基准点,出现如图3-49所示对话框,参数填选如图所示。

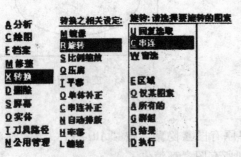

图3-48 绘制另一烟槽的过程

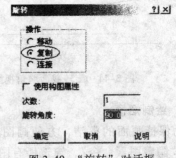

图3-49 "旋转"对话框

④ 单击"确定"按钮,得到如图3-50所示图形。

12)显示所有图素。按"Alt+F7"键,或单击"屏幕"—"隐藏图素"—"恢复隐藏"命令,窗选出现的所有需要恢复的图素,则画面上所有需要恢复的图素都消失了,单击"主菜单"或"返回"命令,则所有图素又显示在画面中。

7. 设定工作坐标系统为系统视角1-TOP

为了观察及后续的加工方便,将工作坐标系从如图3-51所示的WCS:9重新设置回系统默认的WCS:T,方法如下:

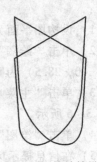

图3-50 旋转结果

1）单击"WCS：9"命令，出现如图3-38所示的对话框。

2）单击第一行的WCS列下的空格，则出现字母"W"，该行改变为蓝色，表示工作坐标系从原来的系统视角9改为建立在系统视角1-TOP平面上。

3）单击"确定"按钮，返回主菜单，工作坐标系改变为WCS：T，单击工具按钮"⬚"，将图形视角设为等角视图（I），如图3-52所示，返回了原默认的工作坐标系。

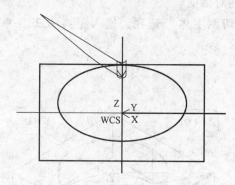

图3-51 工作坐标系为WCS：9的等角视图

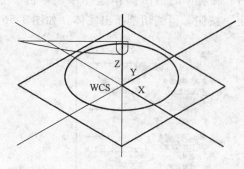

图3-52 工作坐标系为WCS：T的等角视图

三、实体造型

设定图层为4，命名为"实体"。

1. 挤出基本实体

烟灰缸的主体可采用挤出实体的方法绘制，过程如下：

1）单击"实体"—"挤出"—"串连"命令，单击"96×96方形串连"，单击"执行"命令。

2）若挤出方向向上，则单击"全部向下"命令，保证向下挤出。

3）单击"执行"命令，出现如图3-53所示的对话框。

4）输入距离为35，单击"确定"按钮，得到挤出实体，如图3-54所示。

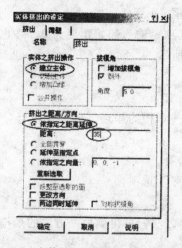

图3-53 "实体挤出的设定—挤出"对话框

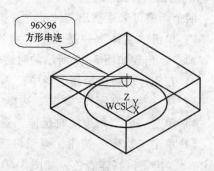

图3-54 挤出实体

2. 挤出实体切割内孔

烟灰缸的内孔可采用挤出实体切割主体的方法绘制。

1）单击"实体"—"挤出"—"串连"命令，选择直径为 75 的圆为串连，单击"执行"命令。

2）若挤出方向向上，则单击"全部向下"命令，保证向下挤出。

3）单击"执行"命令，出现如图 3-55 所示的对话框。

4）在实体的挤出操作选择中，单击"选择切割主体"选项，输入距离为 28，单击"确定"按钮，得到切割挤出实体，如图 3-56 所示。

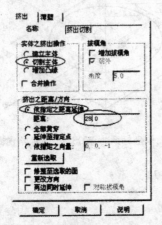 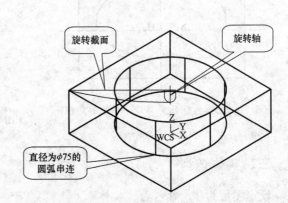

图 3-55 "实体挤出的设定"对话框　　　　图 3-56 挤出实体切割内孔

3. 旋转实体切割实体顶面

顶面是一个圆球面，可由旋转实体切割而成。

1）单击"实体"—"旋转"—"串连"命令，单击如图 3-56 所示的旋转截面为串连，单击"执行"命令。

2）在信息提示区出现提示"请选择一直线为旋转轴…"，选中通过圆的直径的垂直线为旋转轴。

3）单击"执行"命令，出现如图 3-57 所示的对话框。

4）在实体的操作选择中，单击"选中切割主体"选项，输入起始角度为 0，终止角度为 360，单击"确定"按钮，得到切割实体，如图 3-58 所示。

4. 切割实体烟槽

四个烟槽可采用挤出实体的方法切割主体而成，方法如下：

1）单击"实体"—"挤出"—"串连"命令，单击某一烟槽为串连，单击"执行"—"执行"命令，出现如图 3-59 所示的对话框。

2）在实体的挤出操作选择中，单击"切割主体"选项。

3）在"挤出之距离/方向"选择中，单击"全部贯穿"选项。

4）单击选中"两边同时延伸"选项。

5）单击"确定"按钮，得到切割挤出实体。用同样方法，可得到另一方向的烟槽，按"Alt + S"按钮，实体着色，如图 3-60 所示。

课题三 绘制三维图形

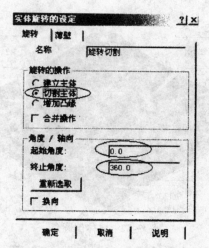

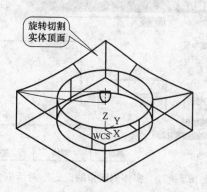

图 3-57 "实体旋转的设定"对话框　　　　图 3-58 旋转实体切割实体顶面

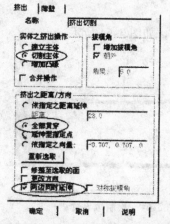

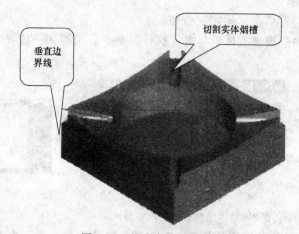

图 3-59 "挤出实体设定"对话框　　　　图 3-60 挤出实体切割烟槽

5. 倒圆角

在绘制实体模型时，一般将倒圆角的操作放在最后。选择需要倒圆角的边界线，可倒好圆角，方法如下：

1）倒 R12 圆角。单击"实体"—"倒圆角"命令，选中实体的四个角的垂直边界线（图 3-60）为实体边界，单击"执行"命令，出现如图 3-61 所示的对话框，输入半径 12.0，单击"确定"按钮，倒好 R12 的圆角，如图 3-62 所示。

2）倒 R6 圆角。选中实体的底部圆周为要倒圆角的图素，输入半径 6，倒好 R6 的圆角，如图 3-62 所示。

3）倒 R2 圆角。选中整个实体为要倒圆角的图素，输入半径 2，倒好 R2 的圆角，如图 3-62 所示。

6. 将图形的最高点移动到 Z 轴的零点

（1）绘制边界盒　边界盒是一个包容图形的长方体线框架，绘制方法如下：

1）设定图层为 5，命名为边界盒，关闭线框架图层 1、2、3，图形视角、构图平面设为前视图（F），工作深度为 Z：0。

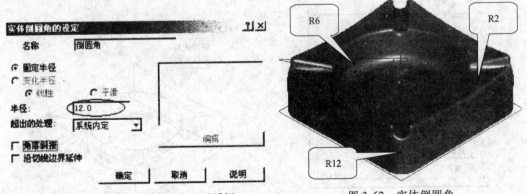

图 3-61 "实体倒圆角的设定"对话框　　图 3-62 实体倒圆角

2) 单击"主菜单"—"绘图"—"下一页"—"边界盒"命令，出现如图 3-63 所示的对话框。

3) 单击"确定"按钮。

4) 窗选实体，单击"执行"命令，可得到一边界盒，如图 3-64 所示。

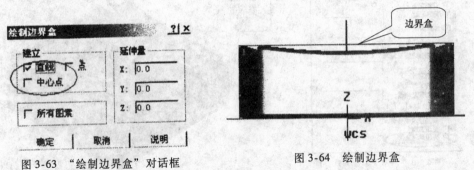

图 3-63 "绘制边界盒"对话框　　图 3-64 绘制边界盒

(2) 将图形的最高点移动到 Z 轴的零点　为了方便加工，在编制刀具路径时，一般将图形的中心点移到 X、Y 轴的零点，图形的最高点移动到 Z 轴的零点。烟灰缸图形的中心点已在 X、Y 轴的零点，只需移动图形的最高点到 Z 轴的零点，具体操作如下：

1) 构图平面设为前视图（F）。

2) 单击"主菜单"—"转换"—"平移"—"窗选"命令，窗选实体。

3) 单击"执行"—"两点间"命令，在信息提示区出现提示"请输入平移之起点"。

4) 捕捉边界盒上边的中点为起点，原点为终点，出现如图 3-65 所示的对话框。

5) 单击"确定"选项，得到如图 3-66 所示图形。

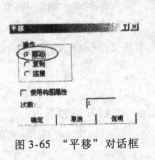
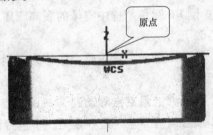

图 3-65 "平移"对话框　　图 3-66 平移最高点到 Z 轴的零点

四、三视图的绘制

图层设定为5,命名为"三视图",关闭图层1、2、3。

1. 绘制三视图

Mastercam 软件具有将实体模型自动转化为三视图的功能,其操作过程简述如下:

1)单击"主菜单"—"实体"—"下一页"—"绘三视图"命令,出现如图 3-67 所示的对话框。

2)单击"确定"—"确定"按钮,出现三视图。

3)通过移除、调整视图、增加断面、增加详图、尺寸标注等操作,生成三视图。

2. 检验图样的正确性

标注完尺寸,可检验所绘制的模型是否符合要求。将主图层设为4,关闭图层5,则三视图被隐藏。

3. 存档

单击"档案"—"存档"命令,输入档案名称"烟灰缸.MC9",单击"存档"按钮。

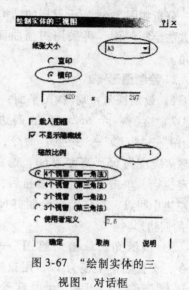

图 3-67 "绘制实体的三视图"对话框

练习

1. 如何设定工作坐标系 WCS?
2. 编制烟灰缸的加工刀具路径。

任务四　绘制鼠标图形(曲面造型综合实例)

本任务主要完成牵引曲面、扫描曲面和曲面倒圆角等内容。

一、鼠标零件图

鼠标零件图如图 3-68 所示。

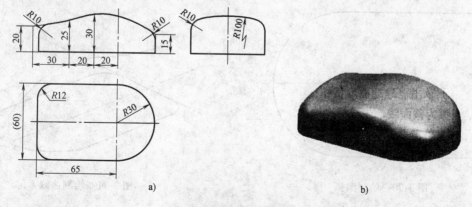

图 3-68　鼠标零件图
a)视图　b)轴测图

二、绘制线框图的过程

1. 分析

分析如图 3-68 所示鼠标的结构,可采用曲面造型的方法绘制其模型。先采用牵引曲面的方法绘制侧面,再采用扫描曲面的方法绘制上表面,最后采用曲面倒圆角的方法绘制圆角。

2. 绘制图形

1) 设定视角:T;构图平面:T;构图深度为 Z:0。

2) 绘制一个 65×60 的四边形。单击"绘图"—"矩形"—"一点"命令,在对话框中输入宽度为 65,高度为 60,选左边中间点为定位点,单击"确定"按钮后,捕捉原点为左边中间点,这样就可绘制好尺寸为 65×60 的四边形。

3) 倒圆角。单击"绘图"—"倒圆角"命令,设置圆角半径为 12,用鼠标分别单击需要倒圆角的线段,生成两个圆角,如图 3-69 所示。

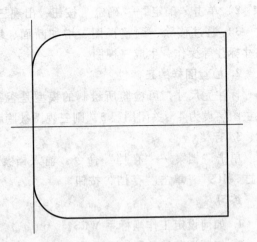

图 3-69 倒圆角

4) 绘制圆弧。单击"绘图"—"圆弧"—"二点画弧"命令,用鼠标捕捉矩形右边的两个端点,在提示区输入半径 30,回车,选择需要的圆弧,完成圆弧的绘制。删除多余线段,完成的图形如图 3-70 所示。

5) 绘制曲线。设置视角为 I,构图面为 F,构图深度为 Z:0。单击"绘图"—"曲线"—"手动输入"命令,输入坐标(-5,20),(25,25),(45,30),(95,15)和(96,14),按"ESC"键退出,绘制出曲线如图 3-71 所示。

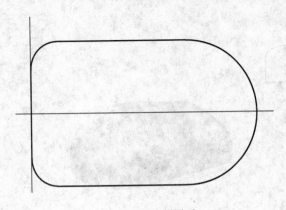

图 3-70 绘制圆弧

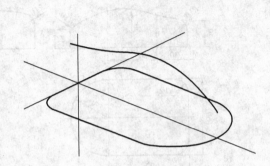

图 3-71 绘制曲线

6) 绘制圆弧。设置视角为 I,构图面为 S,构图深度为 Z:-5。在屏幕的水平方向输入两点,在提示区输入"Y=20",绘制一条水平线。单击"绘图"—"圆弧"—"切弧"—"切一物体"命令,用鼠标点选绘制的水平线为所切物体,点选曲线的左端点为切点,在提示区输入半径100,再选择需要的圆弧,完成后的图形如图3-72所示。

7) 修整圆弧。单击"修整"—"修剪延伸"—"到某一点"命令,将圆弧修整为所需长度。单击"转换"—"镜射"命令,选择修整好的圆弧,在出现的镜射对话框中设置处理方式为复制,单击"确定"按钮,完成镜射。单击"修整"—"连接"命令,将两段圆弧连成一段,再删除水平线,完成后的图形如图3-73所示。

图3-72 前视图

图3-73 修整圆弧

三、曲面造型

1. 绘制侧面

1) 设置视角为I,构图面为T,构图深度为Z:0。

2) 单击"绘图"—"曲面"—"牵引曲面"命令,选择在俯视图中所画的图形为牵引图形,设置牵引长度为35,牵引角度为0,单击"执行"命令,完成曲面的绘制,如图3-74所示。

2. 绘制上表面

1) 设置视角为I,构图面为T。

2) 单击"绘图"—"曲面"—"扫描曲面"命令,定义截断方向的外形;单击"圆弧"—"执行"命令,定义切削方向的外

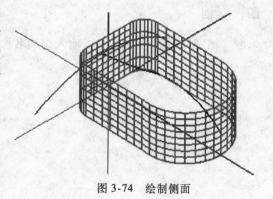

图3-74 绘制侧面

形;单击"曲线"—"执行"—"执行"命令,完成曲面的绘制,如图3-75所示。

3. 曲面倒圆角

1) 检查曲面的法线方向:侧面向内,上表面向下。

2) 单击"绘图"—"曲面"—"曲面倒圆角"—"曲面/曲面"命令,第一组曲面:单击"侧面六个面"—"执行";第二组曲面:单击"上表面"—"执行",输入圆角半径10,设置"修剪曲面"—"执行",完成曲面倒圆角的绘制,如图3-76所示。

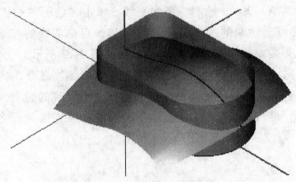

图 3-75 绘制上表面

4. 隐藏图形

单击"屏幕"—"隐藏图素"命令，用鼠标选择圆弧和曲线，完成图形的隐藏，如图 3-77 所示。

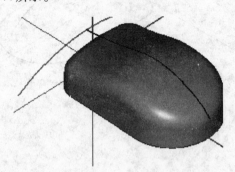

图 3-76 曲面倒圆角

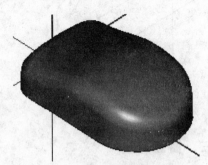

图 3-77 隐藏图形

四、存档

单击"档案"—"存档"命令，输入档案名称"鼠标.MC8"，按"存档"按钮。

课题四　二维图形加工

任务一　雕刻加工圆标牌

本任务为雕刻课题二所绘制的圆标牌，主要练习外形铣削的加工。

一、加工前的设置

1. 取档

单击"档案"—"取档"选项，输入档案名"圆标牌.MC9"，回车，圆标牌的零件图如图 4-1 所示。

2. 设置视角和构图平面

从辅助菜单选择"视角"—"等角视图"，设置为等角视图（I）。

将圆标牌的圆心设定为工作坐标系原点，如图 4-2 所示。

设定构图平面为俯视图（T），刀具平面为"关"，即默认为俯视图 T，其余设置为默认值，辅助菜单如图 4-3 所示。

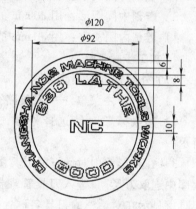

图 4-1　圆标牌的零件图

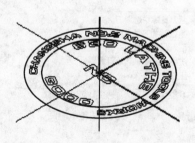

图 4-2　设置工作坐标系原点

图 4-3　辅助菜单

二、加工工艺

通过对图 4-1 所示的圆标牌零件图的分析，其毛坯可采用 φ125mm 的铝型材，厚度为 5mm。

1. 设定毛坯的尺寸

1）单击"主菜单"—"刀具路径"—"工作设定"选项，出现"工作设定"对话框。

2）输入毛坯长、宽、高的尺寸：X 125，Y 125，Z 5。

3）输入工件原点：X0，Y0，Z0。

4）其余为默认选项。

5）单击"确定"按钮，设定好毛坯尺寸。

2. 装夹方法

用组合压板压紧自定心卡盘完成装夹。圆标牌采用数控立铣床加工，机床的最高转速为5000r/min。

3. 数控加工工艺

1）外圆铣削：用 ϕ10mm 的高速工具钢平底铣刀进行外圆的外形铣削加工。

2）雕刻外圈文字：用 ϕ1mm 的硬质合金平刀进行外形铣削加工。

3）雕刻中间圆形：用 ϕ1mm 的硬质合金平刀进行外形铣削加工。

4）雕刻内圈文字：用 ϕ1mm 的硬质合金平刀进行外形铣削加工。

4. 加工步骤

(1) 外圆铣削刀具路径

1）单击"主菜单"—"刀具路径"—"外形铣削"指令，显示选择串连菜单。

2）用鼠标顺时针选择外圆，单击"执行"选项，显示外形铣削对话框，如图4-4所示。

3）在外形铣削对话框的刀具图像显示区中单击鼠标右键，显示快捷菜单，选择"从刀具库中选取刀具"，进入刀具管理器，选取一把直径10mm的平铣刀，单击"确定"按钮，刀具就显示在对话框的刀具名称处。设置刀具参数，如图4-5所示。

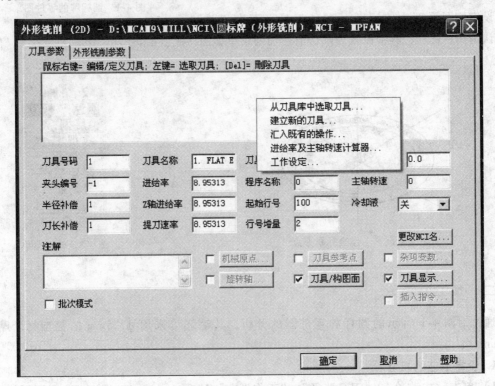

图4-4 "外形铣削"对话框

课题四 二维图形加工

图 4-5 刀具参数的设置

4）刀具参数设置完毕后，单击图 4-5 中的"外形铣削参数"标签，设置铣削深度为 5mm，参考高度为 50mm，进给下刀位置为 10mm，电脑补偿型式为左补偿，如图 4-6 所示，并设定粗铣精铣参数（图 4-7）及进退刀向量参数（图 4-8）。

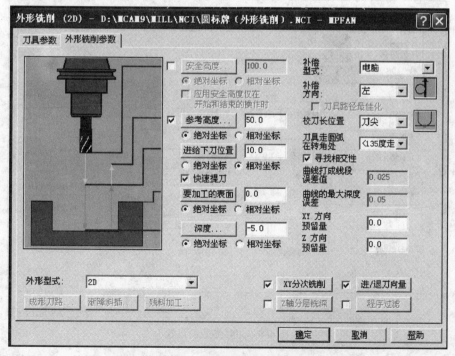

图 4-6 外形铣削参数的设置

45

CAD/CAM——Mastercam 应用

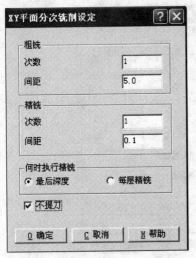

图 4-7 粗铣精铣参数的设定

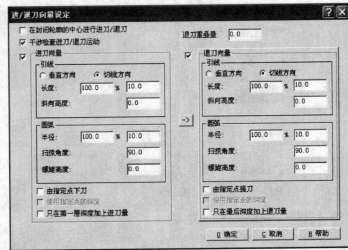

图 4-8 进/退刀向量的设定

5）设置好后，单击"确定"按钮，生成刀具路径。

(2) 外圈文字刀具路径

1）单击"主菜单"—"刀具路径"—"外形铣削"指令，显示"选择串连菜单"。

2）用鼠标一个字一个字地串连，一直把外圈文字全部串连完毕，单击"执行"选项，显示外形铣削对话框，选取一把直径 1mm 的平铣刀，并设置刀具参数，如图 4-9 所示。

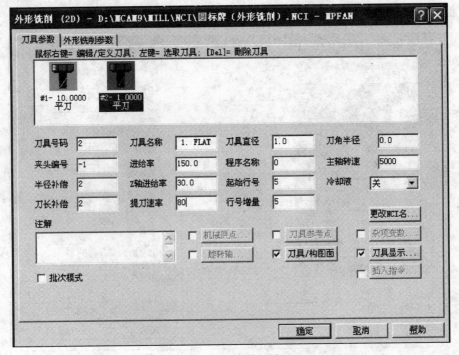

图 4-9 刀具参数的设置

3）刀具参数设置完毕后，单击图 4-9 中的"外形铣削参数"标签，设置铣削深度为

课题四 二维图形加工

2mm，参考高度为5mm，进给下刀位置为1mm，电脑补偿型式为不补偿，如图4-10所示。

4）设置好后，单击"确定"按钮，生成刀具路径，如图4-11所示。

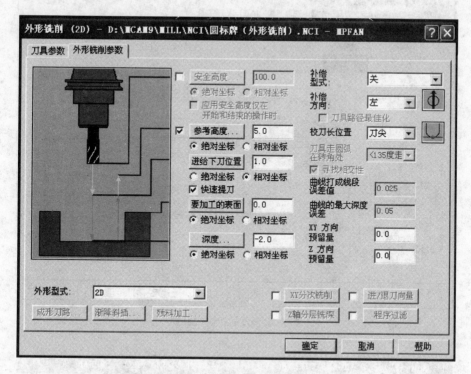

图4-10 外形铣削参数的设置

(3) 内圆刀具路径

1）单击"主菜单"—"刀具路径"—"外形铣削"指令，显示"选择串连菜单"。

2）用鼠标选择内圆，单击"执行"选项，显示外形铣削对话框，单击铣削外圈文字时所用的直径1mm的平铣刀（2#刀），并设置刀具参数，如图4-12所示。

3）刀具参数设置完毕后，单击图4-12中的"外形铣削参数"标签，设置铣削深度为1mm，电脑补偿型式为不补偿，如图4-13所示。

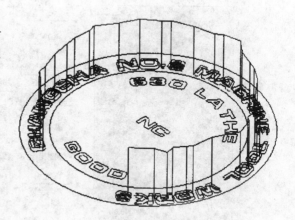

图4-11 外圈文字刀具路径

4）设置好后，单击"确定"按钮，生成刀具路径。

(4) 内圈文字刀具路径

1）单击"主菜单"—"刀具路径"—"外形铣削"指令，显示"选择串连菜单"。

2）用鼠标一个字一个字地串连，一直把内圈的文字全部串连完毕，单击"执行"选项，单击刀具显示区中直径1mm的平铣刀（2#刀），并设置刀具参数，如图4-14所示。

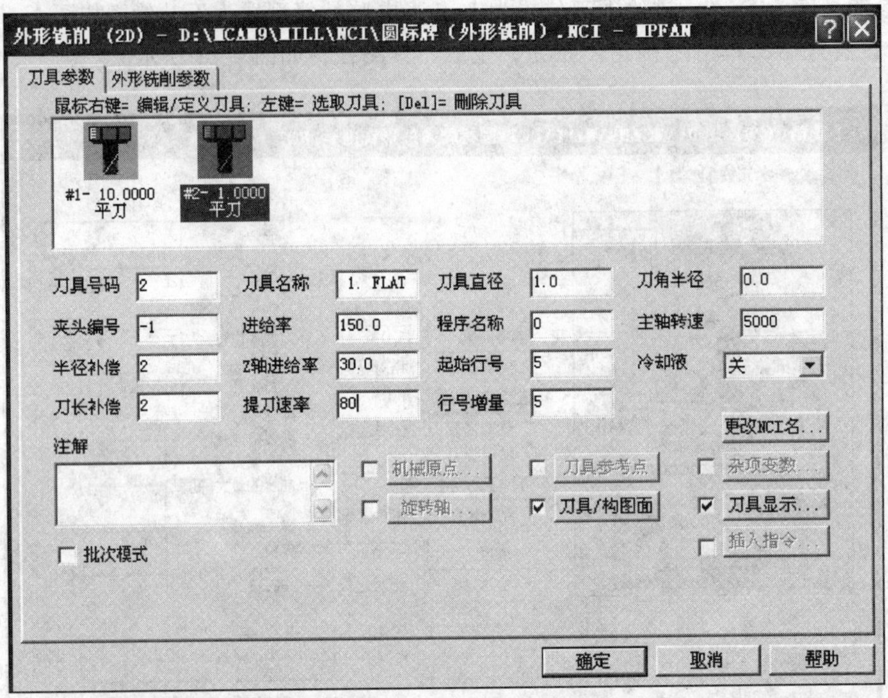

CAD/CAM——Mastercam 应用

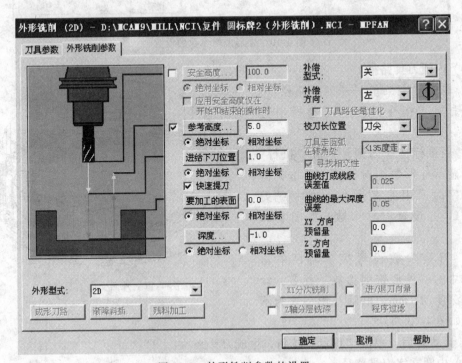

图 4-12 刀具参数的设置

图 4-13 外形铣削参数的设置

3）刀具参数设置完毕后，单击图 4-14 中的"外形铣削参数"标签，设置铣削加工参数，如图 4-15 所示。

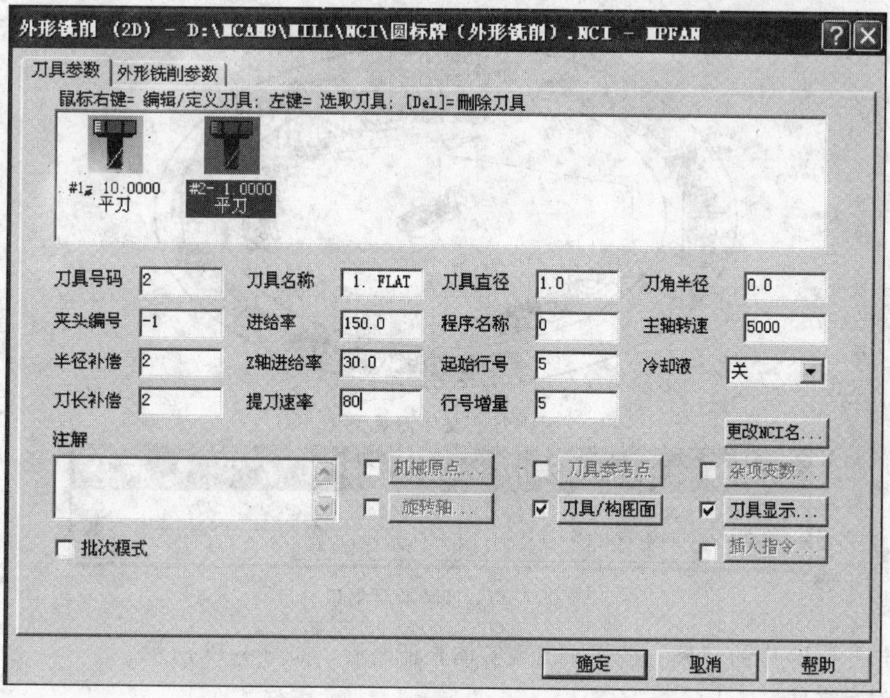

课题四 二维图形加工

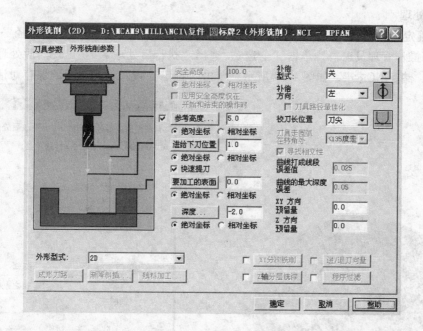

图 4-14 刀具参数的设置

图 4-15 外形铣削参数的设置

4)设置好后,单击"确定"按钮,生成刀具路径,如图 4-16 所示。

(5)实体验证 在主菜单中选择"操作管理",弹出操作管理员窗口,单击"全选",选择"实体切削验证",弹出实体验证窗口,如图 4-17 所示。

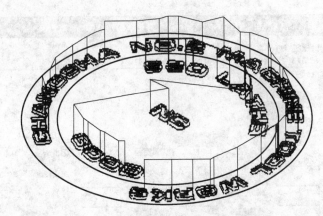

图 4-16　文字刀具路径

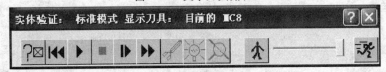

图 4-17　实体验证窗口

单击图 4-17 中的"▶"按钮，出现实体验证图形，如图 4-18 所示。

5. 保存文件

在主功能菜单中选择"档案"—"存档"，输入文件名"零件加工综合练习.MC9"。

6. 后处理

首先确定计算机与数控机床连接无误，然后在主菜单中选择"刀具路径"—"操作管理"，弹出操作管理员窗口，单击"全选"，选择"执行后处理"，在出现的后处理程式对话框中选择"储存NC档"，如图 4-19 所示。单击"确定"按钮，在出现的保存对话框中输入

图 4-18　实体验证图形

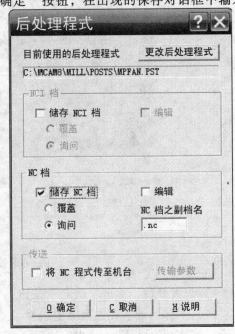

图 4-19　"后处理程式"对话框

文件名"圆标牌雕刻加工.NC",单击"保存"后,返回操作管理员对话框。

在主菜单中选择"档案"—"下一页"—"传输",显示传输参数对话框,设置传输参数,如图 4-20 所示。参数设置完成后,单击"传送",在出现的取档对话框中选择文件"圆标牌雕刻加工.NC",单击"打开",即将所设置的加工程序传送至数控机床。

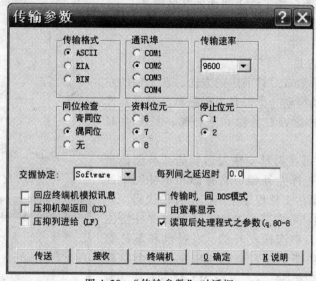

图 4-20 "传输参数"对话框

三、知识提示

外形铣削可以由工件的外形轮廓产生加工路径,一般用于二维工件轮廓的加工。外形铣削刀具路径是沿一铣刀路径定义一曲线或串连一曲线切除外形上的材料。进入该刀具路径功能,应选择"刀具路径"—"外形铣削",其各种参数的意义如下:

1. 刀具参数

在系统现在的刀具库中存储着指定的参考刀具资料,可从中调用合适的参考刀具。

1)刀具号码:刀具在刀库或刀座的号码。
2)刀具名称:指定给刀具的名称,如平铣刀和球头铣刀等。
3)刀具直径:根据加工需要确定的刀具直径参数。
4)刀角半径:当刀具为球头铣刀和圆铣刀时,设置刀角半径。
5)半径补偿:存储刀具半径补偿值的暂存器号码。
6)刀长补偿:存储刀具长度补偿值的暂存器号码。

2. 切削加工参数

1)进给率:指 X、Y 方向的切削速度,应根据刀具材料、刀具直径、工件材料、切削速度等因素来确定。
2)Z 轴进给率:控制 Z 轴垂直进刀的切削速度,也应根据刀具材料、刀具直径、工件材料、切削速度等因素来确定。
3)主轴转速:设定主轴每分钟的转数。
4)提刀速率:加工至某一深度退刀时的速度。

3. 高度参数

1)安全高度:刀具快速移动到某一高度时开始转为工作进给,该高度不能碰到工件、夹具等实体，加工后刀具再退回来，并可作任意水平移动而不会与工件或夹具发生碰撞，这一位置的高度称为安全高度。

2）参考高度：开始下一个刀具路径前刀具退回的位置高度。

3）进给下刀位置：指刀具开始进给的高度。

4）要加工的表面：指工件上表面的高度值。

以上所有的高度值都可用"绝对坐标"和"增量坐标"设置。

4. 刀具的补偿方式

刀具的补偿是指沿着刀具前进的方向，在工件的左边、右边或中心自动移动一个刀具半径距离。刀具补偿分为三种方式：左补偿、右补偿和不补偿，如图4-21所示。

1）电脑补偿：可在刀具参数对话框的"补偿位置电脑"下拉列表中选择左补偿、右补偿和不补偿中的一种方式。电脑补偿在工件程序中不产生补偿代码。

2）控制器补偿：可在刀具参数对话框的"补偿位置控制器"下拉列表中选择左补偿、右补偿和不补偿中的一种方式。该功能是在刀具程序中生成一个刀具补偿的指令：左补偿为G41、右补偿为G42、不补偿为G40。补偿号码被指定给控制系统，补偿值存储在指定的暂存器中。

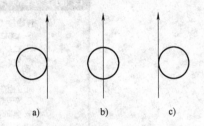

图4-21　刀具的补偿方式
a）左补偿　b）不补偿　c）右补偿

5. XY分次铣削

当XY方向一刀铣削不能完成时，需进行XY分次铣削。选中"XY平面分次铣削"按钮前的复选框后单击该按钮，打开其对话框，如图4-22所示，设置其中的有关参数，可以进行XY平面分次铣削的设定。

6. 分层铣削

一般铣削的厚度较大时，可以采用分层铣削。选中"Z轴分层铣深"按钮前的复选框后单击该按钮，打开其对话框，如图4-23所示，设置其中的有关参数。

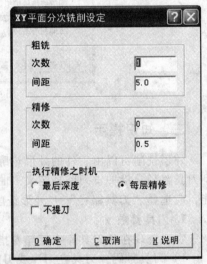

图4-22　"XY平面分次铣削设定"对话框

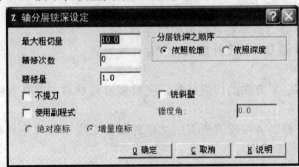

图4-23　"Z轴分层铣深设定"对话框

7. 进刀/退刀设置

在外形铣削加工中，可以在外形铣削前和完成外形铣削后添加一段进刀/退刀刀具路径。

课题四 二维图形加工

进刀/退刀刀具路径由一段直线刀具路径和一段圆弧刀具路径组成。直线和圆弧的外形可由进/退刀向量设定对话框来设置，如图4-24所示。

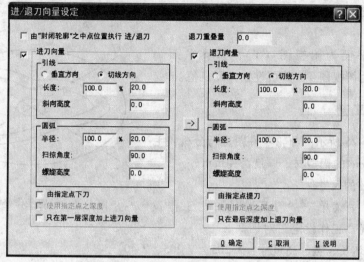

图4-24 "进/退刀向量设定"对话框

任务二 加工凸轮

本任务为加工课题二所绘制的凸轮，主要练习挖槽的加工。

一、加工前的设置

1. 取档

单击"主菜单"—"档案"—"取档"选项，输入档案名"凸轮.MC9"，回车，凸轮的零件图如图4-25所示。

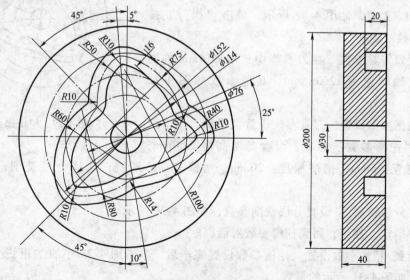

图4-25 凸轮的零件图

2. 设置视角和构图平面

从辅助菜单选择"视角"—"等角视图",设置为等角视图(I)。

将凸轮的圆心设定为工作坐标系原点,如图 4-26 所示。

设定构图平面为俯视图(T),刀具平面为"关",即默认为俯视图 T,其余设置为默认值。

二、加工工艺

通过对图 4-25 所示的凸轮零件图进行分析,毛坯可采用 φ205mm 的铝型材,厚度为 40mm。

1. 设定毛坯的尺寸

1)单击"主菜单"—"刀具路径"—"工作设定"选项,出现"工作设定"对话框。

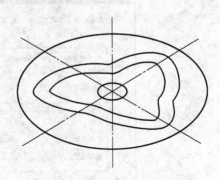

图 4-26 设定工作坐标系原点

2)输入毛坯长、宽、高尺寸:X 205,Y 205,Z 40。

3)输入工件原点:X 0,Y 0,Z 0。

4)其余为默认选项。

5)单击"确定"按钮,设定好毛坯尺寸。

2. 装夹方法

用组合压板压紧自定心卡盘进行装夹。凸轮采用数控立铣床加工,机床的最高转速为 5000r/min。

3. 数控加工工艺

用 φ14mm 的高速工具钢平底铣刀进行挖槽的加工。

4. 加工步骤

单击"主菜单"—"刀具路径"—"挖槽",单击"串连",点取 1、2 点,如图 4-27 所示,单击"执行"按钮,弹出参数对话框。

(1)设置刀具参数 在刀具库中选取 φ14mm 的键槽铣刀,主轴转速为 1200r/min,其他参数如图 4-28 所示。

(2)挖槽参数设置 刀具参数设置完毕后,单击图 4-28 中的"挖槽参数"标签,设置参考高度:50mm;

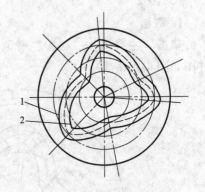

图 4-27 挖槽选点

进给下刀位置:5mm;挖槽深度:20mm;精修方向:顺铣;选择分层铣削,如图 4-29 所示。

单击"分层铣削",设置分层铣削参数,如图 4-30 所示。

单击"确定"按钮,回到挖槽参数对话框。

(3)粗铣/精铣参数设置 挖槽参数设置完毕后,单击图 4-28 中的"粗铣/精铣参数"标签,设置如图 4-31 所示的参数。

课题四 二维图形加工

图 4-28 刀具参数

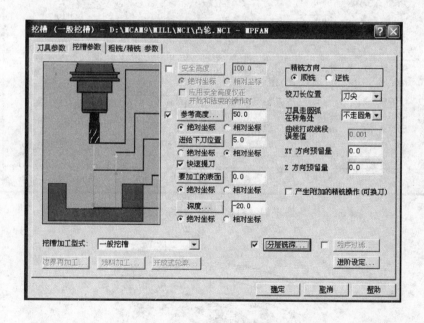

图 4-29 挖槽参数的设置

单击图 4-31 中的"确定"按钮,出现如图 4-32 所示的铣削路径(设置视角:I)。

(4)实体验证 在主菜单中选择"外形铣削"—"操作管理",弹出操作管理员窗口,选择"实体切削验证",弹出实体验证窗口,如图 4-33 所示。

CAD/CAM——Mastercam 应用

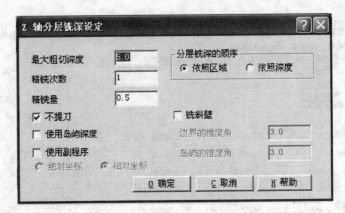

图 4-30 分层铣削参数的设置

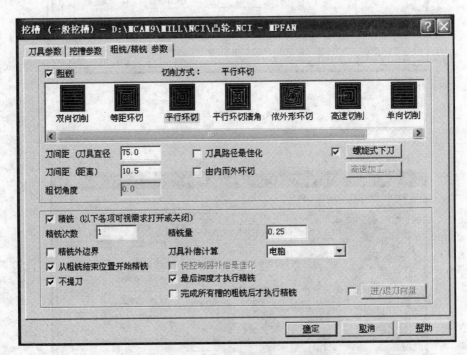

图 4-31 粗铣/精铣参数的设置

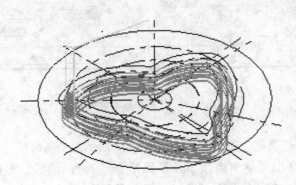

图 4-32 铣削路径

课题四 二维图形加工

图 4-33 实体验证窗口

单击图 4-33 中的"▶"按钮,出现实体验证图形,如图 4-34 所示。

5. 保存文件

在主功能菜单中选择"档案"—"存档",输入文件名"凸轮挖槽.MC9"。

6. 后处理

步骤与任务一中圆标牌的后处理步骤相同。

三、知识提示

挖槽刀具路径分为粗铣和精铣封闭外形所包围的毛坯,或铣削一个平面和铣削一条槽,在主菜单中选择"刀具路径"—"挖槽",进入该功能。

图 4-34 实体验证图形

1. 挖槽(内腔)铣削参数

挖槽铣削的刀具参数、安全高度、参考高度等设置与前面所述外形铣削的选择基本相同,故此不再赘述。

当挖槽深度较大时,应选中"分层铣深"按钮,单击该按钮进行"Z轴分层铣深设定",如图 4-35 所示。

2. 粗加工参数

在挖槽加工中加工余量一般比较大,可通过设置粗精加工参数来提高加工精度。在"挖槽"对话框中单击"粗铣/精修 参数"标签。

选中"粗铣/精修 参数"选项卡中的"粗铣"复选框,则在挖槽加工中,先进行粗切削,如图 4-36 所示。

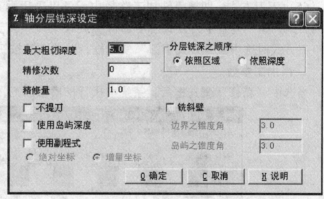

图 4-35 分层铣深设定

(1)走刀方式 Mastercam 提供了双向切削、等距环切、平行环切、平行环切并清角、依外形环切、螺旋切削、单向切削和高速加工 8 种切削方式,它们又可分为直线切削及螺旋切削两大类。

直线切削包括双向切削和单向切削,双向切削产生一组有间隔的往复直线刀具路径来切削凹槽;单向切削所产生的刀具路径与双向切削类似,所不同的是单向切削刀具路径按同一个方向进行切削。

螺旋切削方式是以挖槽中心或特定挖槽起点开始进刀并沿着刀具方向(Z轴)螺旋下刀切削。

CAD/CAM——Mastercam 应用

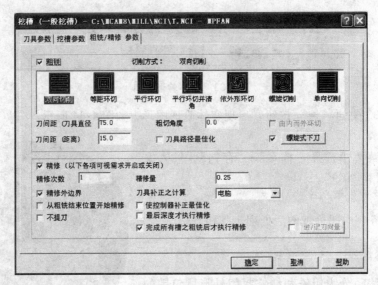

图 4-36 粗铣/精修参数

(2) 切削间距百分率 设置在 X 轴和 Y 轴粗加工之间的切削间距,以刀具直径的百分率计算。

(3) 切削距离 该选项是在 X 轴和 Y 轴计算的一个距离,等于切削间距百分率乘以刀具直径。

(4) 粗加工角度 设置双向和单向粗加工刀具路径的起始方向。

(5) 下刀方式 凹槽粗铣加工路径中,可以采用垂直下刀、斜线下刀和螺旋下刀三种下刀方式。采用垂直下刀方式时不选"螺旋式下刀"复选框;采用斜线下刀方式或采用螺旋下刀方式时选中"螺旋式下刀"复选框,并单击其按钮,然后选择需要的标签。

3. 精加工参数

当选中"精修"复选框后,系统可执行挖槽精加工,如图 4-37 所示。

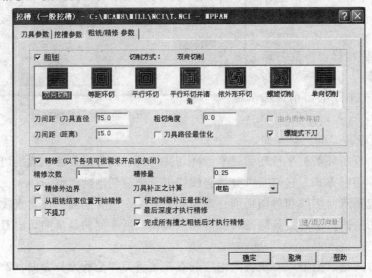

图 4-37 挖槽精加工设定

58

挖槽加工中各主要精加工切削参数的含义如下：

（1）精修外边界　对外边界也进行精铣削，否则仅对岛屿边界进行精铣削。

（2）从粗铣削结束位置开始精修　在靠近粗铣削结束点位置开始深铣削，否则按选取边界的顺序进行精铣削。

（3）最后深度才执行精修　在最后的铣削深度进行精铣削，否则在所有深度进行精铣削。

（4）在完成所有槽之粗铣后才执行精修　在完成了所有粗切削后进行精铣削，否则在每一次粗切削后都进行精铣削，适用于多区域内腔加工。

（5）精加工刀具补偿　执行该参数可启用电脑补偿或机床控制器内刀具补偿，当精加工时不能在计算机内进行补偿。该选项允许在控制器内调整刀具补偿，也可以选择两者共同补偿或磨损补偿。

（6）使控制器补正最佳化　如精加工选择为机床控制器刀具补偿，该选项在刀具路径上消除小于或等于刀具半径的圆弧，并帮助防止划伤表面；若不选择在控制器刀具补偿，此选项防止精加工刀具不能进入粗加工所用的刀具加工区。

（7）进刀/退刀路径　选中该复选框可在精切削刀具路径的起点和终点增加进刀/退刀刀具路径。可以单击该按钮，通过打开的对话框对进刀/退刀刀具路径进行设置。

任务三　二维加工操作实例

一、图样

完成如图 4-38 所示零件的 CAM。

二、操作步骤

1. 设置加工工件的大小、材料及加工用刀具等工艺参数

（1）设置工件大小　在工件的上表面预留 2mm 的加工余量，在侧面各预留 2.5mm 的加工余量，将工件的底面设置在 Z=0 的平面上。

（2）设置工件的原点　将工件上表面中心作为工件的原点。

（3）设置加工刀具　该零件需通过面铣削加工、外形加工铣削、外形倒角加工、挖槽加工、全圆铣削加工和钻孔加工。因此，根据各部分尺寸设置刀具为：5mm、10mm 和 20mm 的平铣刀，直径为 20mm 的倒角铣刀，直径 5mm 的钻头和 M6 的丝锥。通过"刀具参数"对话框的右键快捷菜单，

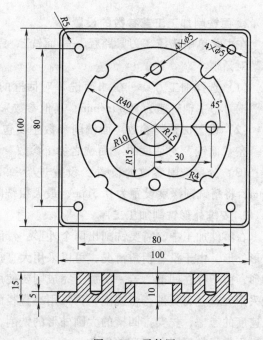

图 4-38　零件图

可在刀具库列表中选择设置存在的各刀具，并创建刀具库列表中没有的 20mm 的倒角铣刀。

（4）设置工件材料　在材料库中选择 ALUMINUM meter-5050，并进行"工作设定"对话框的设置，如图 4-39 所示。

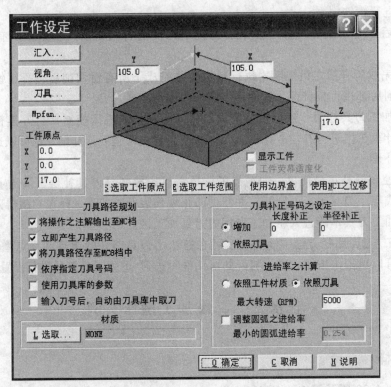

图 4-39 "工作设定"对话框

2. 面铣削加工工艺参数的设置

在主菜单中选择"刀具路径"—"面铣"，完成选择面铣削加工区域并确认后，弹出"面铣"对话框。

（1）选择加工刀具　在"面铣"对话框的"刀具参数"选项卡中，选择直径为 20mm 的平铣刀，主轴转速为 1200r/min，其他参数采用默认设置，如图 4-40 所示。

（2）设置面铣削参数　面铣削参数主要包括高度设置、分层铣削的参数设置和铣削方式。在"面铣"对话框的"面铣之加工参数"选项卡中完成设置，如图 4-41 所示。

（3）分层铣削参数的设置　设置进行一次粗铣削和一次精铣削。由于总铣削深度为 2mm，将精铣削深度设置为 0.5mm，最大粗铣间距设置为 1.5mm，如图 4-42 所示。

3. 安排外形铣削加工工序

在零件加工中，需要铣削出两个外形：带倒圆角的矩形和带凹槽的大圆。对于带倒角的矩形外形，由于没有拐角情况，可以采用大直径的刀具一次加工完成；而对于带凹槽的大圆外形，由于存在凹槽，若一次加工完成则要使用较小的刀具，这将影响整个加工速度，在此先采用大直径刀具进行粗铣削，再采用小直径的刀具进行残料外形铣削。同时，出于提高加工速度的考虑，先安排凹槽的大圆外形的铣削，再进行矩形外形的铣削，在所有外形铣削完成后再进行带倒圆角矩形的倒角。

课题四 二维图形加工

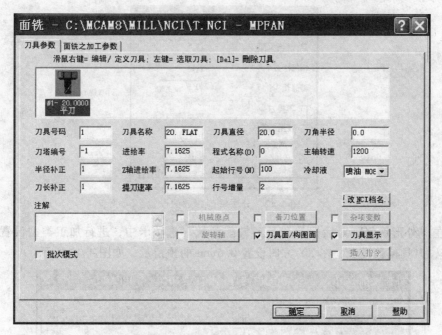

图 4-40 "面铣"对话框

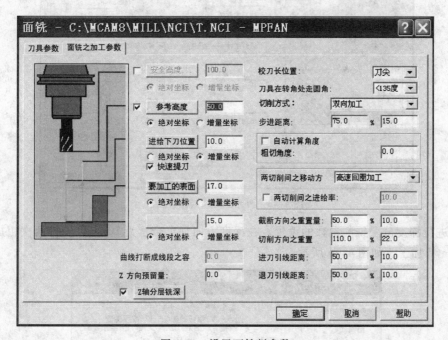

图 4-41 设置面铣削参数

4. 粗加工带凹槽的大圆工艺参数的设置

在主菜单中选择"刀具路径"—"外形铣削",选取带凹槽的大圆串连,串连方向为逆时针,单击"确定"按钮后,弹出"外形铣削"对话框。

1) 在"外形铣削"对话框的"刀具参数"选项卡中,选择刀具为直径 20mm 的平铣刀。

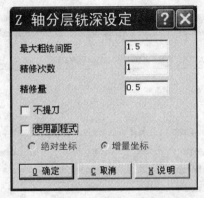

图 4-42 分层铣削参数的设置

2) 在"外形铣削"对话框的"外形铣削参数"选项卡中,进行加工类型设置(2D)、高度设置、刀具偏移设置、在 XY 方向设置 0.5mm 的预留量,如图 4-43 所示。

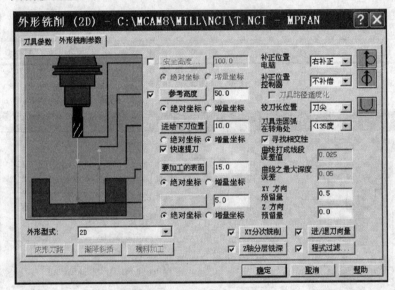

图 4-43 外形铣削参数的设置

3) 进行深度分层铣削参数的设置。在深度方向加工余量为 10mm,安排两次粗加工和 1 次 0.5mm 精加工,如图 4-44 所示。

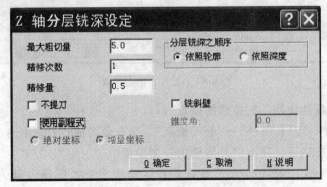

图 4-44 深度分层铣削参数的设置

4）进行外形分层铣削参数的设置。由于有 0.5mm 的预留量，在 XY 方向的最大铣削量约为 34mm。在 XY 方向安排 3 次粗铣削，每次进给量设置为 12mm，如图 4-45 所示。

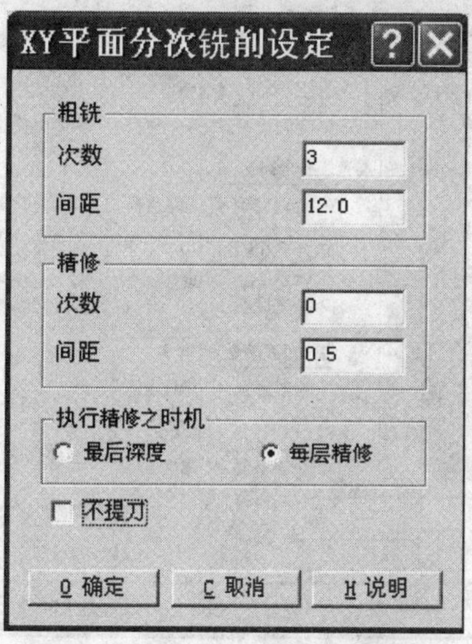

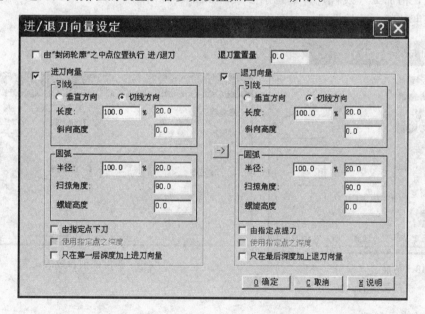

图 4-45 外形分层铣削参数的设置

5）进刀/退刀刀具路径的设置。各参数设置如图 4-46 所示。

图 4-46 进刀/退刀刀具路径的设置

5. 精加工带凹槽的大圆工艺参数的设置

在主菜单中选择"刀具路径"—"外形铣削"，选取带凹槽的大圆串连，串连方向为逆时针，并单击"确定"按钮后，弹出"外形铣削"对话框。

1）在"外形铣削"对话框的"刀具参数"选项卡中，选择刀具为直径 5mm 的平铣刀。

2）在"外形铣削"对话框的"外形铣削参数"选项卡中，将加工类型设置为"残料清角",在 XY 方向预留量参考值设置为 0,其他参数设置不变,如图 4-47 所示。

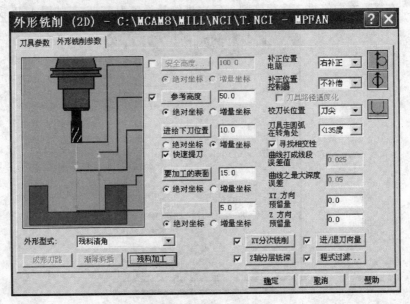

图 4-47 外形铣削参数的设置

3)设置精加工(残料)外形铣削参数,如图 4-48 所示。

4)深度铣削参数的设置,如图 4-49 所示。

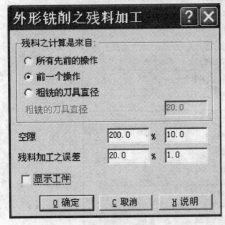

图 4-48 精加工(残料)外形
铣削参数的设置

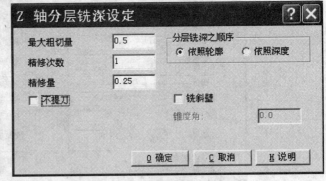

图 4-49 深度铣削参数的设置

6. 外形边界加工

选择"外形铣削",选取带倒圆角的矩形串连,串连方向为逆时针,单击"确定"按钮后弹出"外形铣削"对话框。

1)在"外形铣削"对话框的"刀具参数"选项卡中,选择刀具为直径 10mm 的平铣刀。

2)在"外形铣削"对话框的"外形铣削"选项卡中,进行加工类型设置(2D)、高度设置、刀具偏移设置和预留量设置,如图 4-50 所示。

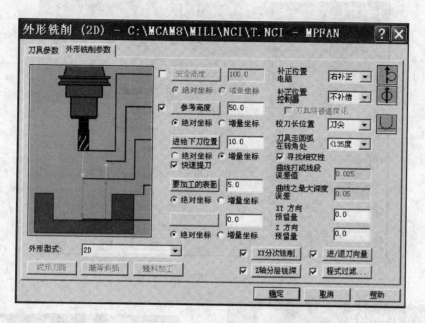

图 4-50 外形铣削参数的设置

3）外形分层铣削参数的设置。XY 方向的最大铣削量约为 5.6mm，在 XY 方向安排 1 次粗铣削和 1 次精铣削，如图 4-51 所示。

7. 倒角加工

选择外形铣削，选取带倒圆角的矩形串连，串连方向为逆时针，单击"确定"按钮后弹出"外形铣削"对话框。

1）在"外形铣削"对话框的"刀具参数"选项卡中，选择刀具为直径 20mm 的倒角铣刀。

2）在"外形铣削"对话框的"外形铣削加工参数"选项卡中，将加工类型设置为"2D 成形刀"，其他参数设置如图 4-52 所示。

3）完成"成形刀路"中倒角加工参数的设置，如图 4-53 所示。

8. 挖槽加工工艺参数的设置

选择挖槽，选取凹槽及岛屿串连并确定后，弹出"挖槽"对话框。

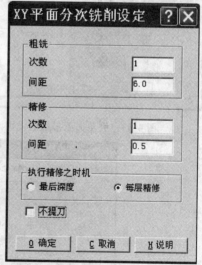

图 4-51 外形分层铣削参数的设置

1）在"挖槽"对话框的"刀具参数"选项卡中，选择刀具直径为 5mm 的平铣刀。

2）在"挖槽"对话框的"挖槽参数"选项卡中，设置加工类型为"使用岛屿深度挖槽"，将岛屿高度设置为 10mm，如图 4-54 所示。

挖槽加工其他参数的设置如图 4-55 所示。

3）深度分层铣削参数的设置。由于凹槽的总铣削量为 10mm，安排两次粗铣削和 1 次精铣削，如图 4-56 所示。

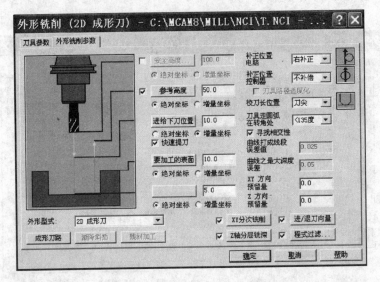

图 4-52　外形铣削加工参数的设置

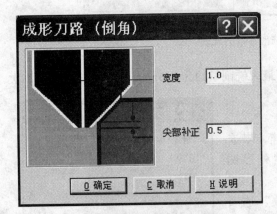

图 4-53　倒角加工参数的设置

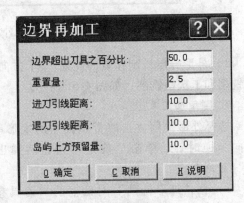

图 4-54　设置岛屿深度

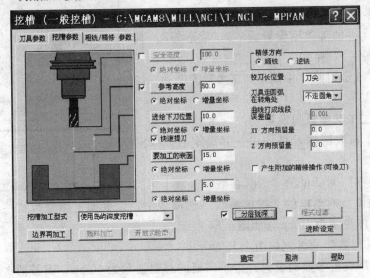

图 4-55　挖槽加工工艺参数的设置

课题四 二维图形加工

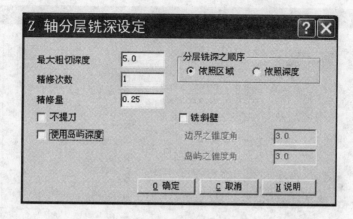

图 4-56 深度分层铣削参数的设置

4）走刀方式及精铣削参数的设置。在"挖槽"对话框的"粗铣/精修参数"选项卡中，设置走刀方式和精铣削参数，如图 4-57 所示。

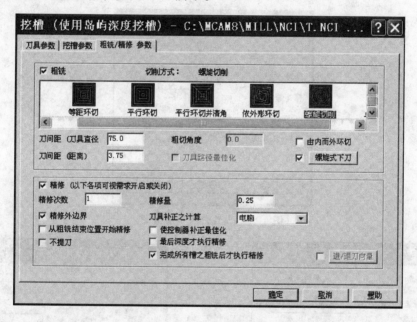

图 4-57 走刀方式和精铣削参数的设置

9. 全圆加工工艺参数的设置

选择全圆加工，选择串连，选择 R15 的圆，并确定后（单击两次"执行"命令），弹出"Circle millparameters"对话框。

1）在"Circle mill parameters"对话框的"刀具参数"选项卡中，选择刀具为直径 5mm 的平铣刀。

2）在"Circle mill parameters"对话框的"全圆铣削参数"选项卡中，设置高度、起始角度、扫掠角度及加工预留量等参数，如图 4-58 所示。

3）设置分层铣削和粗铣削参数，如图 4-59、图 4-60 和图 4-61 所示。

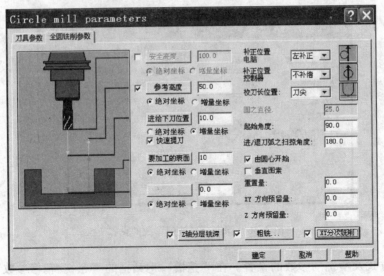

图 4-58 全圆加工工艺参数的设置

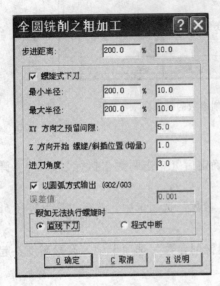

图 4-60 全圆铣削粗加工参数的设置

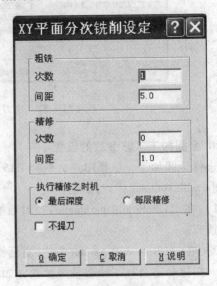

图 4-61 平面分次铣削参数的设置

10. 钻孔加工工艺参数的设置

（1）加工四个通孔参数的设置　选择钻孔，依次顺时针选择四个通孔并确定后，在弹出的子菜单中选择"选项"，在弹出的"点的顺序"对话框中设置排列方式，如图4-62所示。

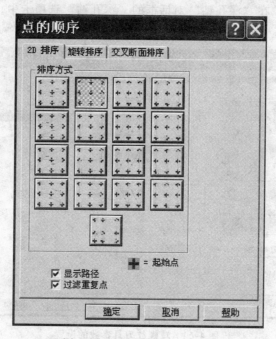

图 4-62　"点的顺序"对话框

再次确定后，弹出"深孔钻"对话框。

1）在"深孔钻"对话框的"刀具参数"选项卡中，选择刀具为直径5mm的钻头。

2）在"深孔钻"对话框的"深孔钻"选项卡中，设置钻孔参数，如图4-63所示。

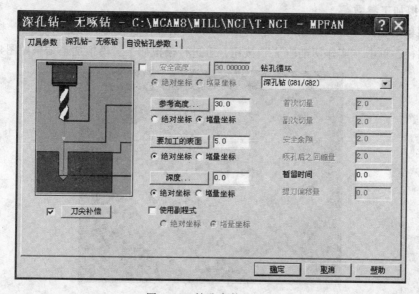

图 4-63　钻孔参数的设置

(2) 攻螺纹参数的设置 在进行攻螺纹之前，先加工四个 φ4mm 的不通孔。其加工方法同加工通孔基本相同，选择直径 4mm 的钻头，在"要加工表面"文本框中输入"15"，在"深度"文本框中输入"9"，其他参数不变。

重复选择四个不通孔中心，在"深孔钻"对话框的"刀具参数"选项卡中，选择刀具为直径 5mm 的右牙刀。在"深孔钻"对话框的"深孔钻"选项卡中，选择加工方式为"攻螺纹"，其他参数不变，如图 4-64 所示。

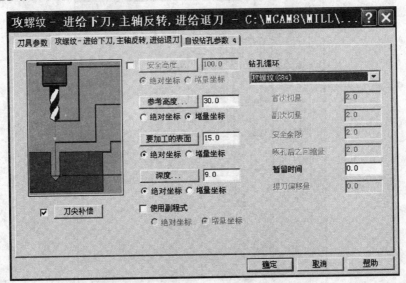

图 4-64 攻螺纹刀具参数的设置

11. 存盘

单击"档案"—"存档"命令，输入档案名称"盘类零件加工.MC8"，按"存档"按钮。

12. 模拟加工参数

在主菜单中选择"刀具路径"—"操作管理"，弹出操作管理器。单击"全选"按钮，选择所有加工路径，单击"实体切削验证"按钮，可进行模拟加工。模拟加工结果如图 4-65 所示。

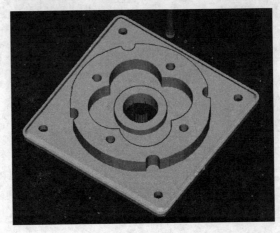

图 4-65 模拟加工结果

13. 后处理

在操作管理器中单击"执行后处理"按钮，在弹出的"后处理程式"对话框中设置各参数，如图 4-66 所示。完成后生成 NCI 文件和 NC 文件。

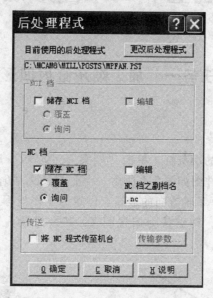

图 4-66 后处理参数的设置

课题五　三维图形加工

任务一　加工烟灰缸内凹形

一、加工前的设置

烟灰缸为课题三所绘制的烟灰缸。单击"档案"—"取档"选项，输入档案名"烟灰缸.MC9"，回车，烟灰缸的零件图如图5-1所示。当前图层设为6，关闭图层1、2、3、5。将烟灰缸XY方向的对称中心、Z轴方向的最高点设定为工作坐标原点。设定构图平面为俯视图（T），刀具平面为"关"，即默认为俯视图T，其余设置为默认值，辅助菜单如图5-2所示。

图5-1　烟灰缸零件图

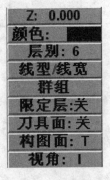

图5-2　辅助菜单

二、加工工艺

通过对图5-1所示的烟灰缸零件图进行分析，毛坯可采用100mm×32mm的铝型材，用锯床落料，长为100mm。

1. 设定毛坯的尺寸

设定毛坯的方法如下：

1）单击"主菜单"—"刀具路径"—"工作设定"选项，出现"工作设定"对话框。

2）输入毛坯的长、宽、高尺寸：X 100，Y 100，Z 34。

3）输入工件原点：X 0，Y 0，Z 1.33。

4）其余为默认选项。

5）单击"确定"按钮，设定好毛坯尺寸。

2. 装夹方法

在普通铣床上采用平口钳装夹。烟灰缸采用数控立铣床加工，机床的最高转速为5000r/min。

3. 数控加工工艺

烟灰缸的数控加工工艺如下：

1）粗加工（开粗）：用 $\phi16mm$ 的高速工具钢平刀进行外形铣削和端面铣削，用 $\phi6mm$ 的 R3 高速工具钢球头铣刀进行曲面（实体）挖槽。

2）半精加工：用 $\phi6mm$ 的 R3 球头铣刀进行等高外形的粗加工。

3）精加工：用 $\phi6mm$ 的 R3 球头铣刀进行等高外形的精加工。

4）烟灰缸内底部平面及四周垂直部分用 $\phi6mm$ 的 R3 球头铣刀进行环绕等距精加工。

4. 加工步骤

（1）外形铣削

1）单击"辅助菜单"中的"层别"，打开"层别管理员"对话框，将第 5 层设置为可见，显示边界盒。

2）单击"主菜单"—"刀具路径"—"外形铣削"指令，显示"选择串连菜单"。用鼠标顺时针选择边界盒上面的四条边，单击"执行"选项，显示"外形铣削"对话框。

3）在外形铣削对话框的刀具图像显示区中单击鼠标右键，显示快捷菜单，选择"从刀具库中选取刀具"，进入刀具管理器，选取一把直径 16mm 的平铣刀，单击"确定"按钮，刀具就显示在对话框的刀具名称处，设置刀具参数如图 5-3 所示。

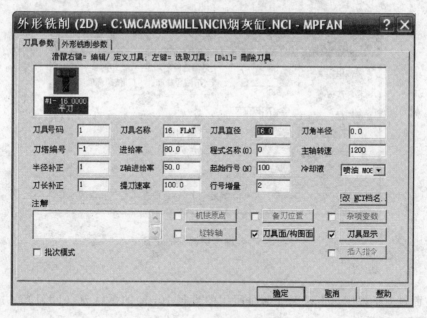

图 5-3 刀具参数的设置

4）刀具参数设置完毕后，单击图 5-3 中的"外形铣削参数"标签，设置铣削深度为 30.67mm，参考高度为 50mm，进给下刀位置为 10mm，电脑补偿型式为左补偿，如图 5-4 所示。设置 Z 轴分层铣深，如图 5-5 所示。

5）设置好后，单击"确定"按钮，生成刀具路径。

（2）上端面铣削

1）单击"主菜单"—"刀具路径"—"外形铣削"指令，显示"选择串连菜单"。用鼠标单击菜单中的"选择上次"，仍然选择边界盒上面的四条边，单击"执行"选项，显示面铣

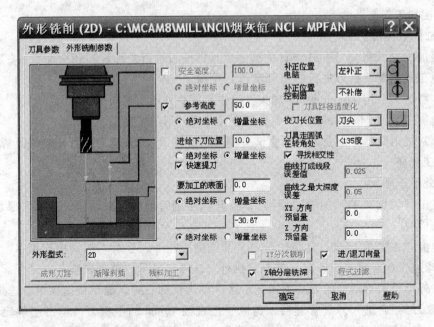

图 5-4 外形铣削参数的设置

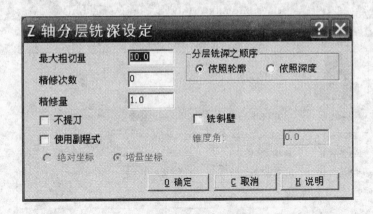

图 5-5 Z 轴分层铣深的设置

对话框。

2) 在面铣对话框中单击铣削外形时所用的直径 16mm 的平铣刀（1#刀），并设置刀具参数，如图 5-6 所示。

3) 刀具参数设置完毕后，单击图 5-6 中的"面铣之加工参数"标签，设置面铣加工参数，如图 5-7 所示。

4) 设置好后，单击"确定"按钮，生成刀具路径。

(3) 曲面挖槽粗加工

1) 单击"主菜单"—"刀具路径"—"曲面加工"—"粗加工"—"挖槽粗加工"指令，在出现的显示选择菜单中选择"实体"，设置"点选实体图素"菜单，如图 5-8 所示。用鼠标选择实体，单击"执行"—"执行"选项，显示"曲面挖槽粗加工"对话框。

课题五 三维图形加工

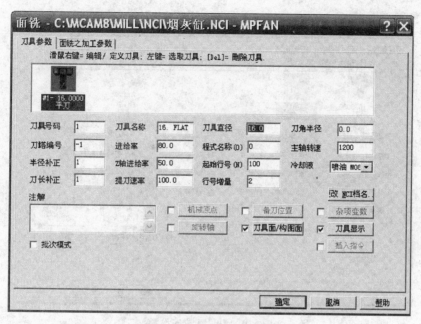

图 5-6 刀具参数的设置

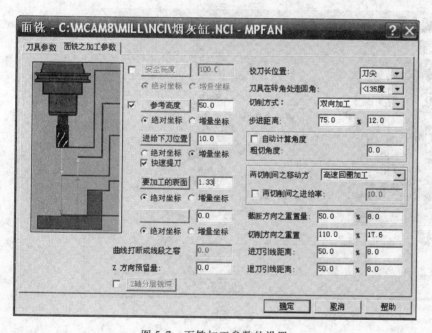

图 5-7 面铣加工参数的设置

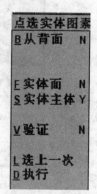

图 5-8 点选实体
图素菜单

2）在"曲面挖槽粗加工"对话框的刀具图像显示区中单击鼠标右键，显示快捷菜单，选择"从刀具库中选取刀具"，进入刀具管理器，选取一把直径 6mm 的球头铣刀，单击"确定"按钮，刀具就显示在对话框的刀具名称处，设置刀具参数，如图 5-9 所示。

3）刀具参数设置完毕后，单击图 5-9 中的"曲面加工参数"标签，设置参考高度为50mm，进给下刀位置为 10mm，在加工面预留量为 0.3mm，如图 5-10 所示。

CAD/CAM——Mastercam 应用

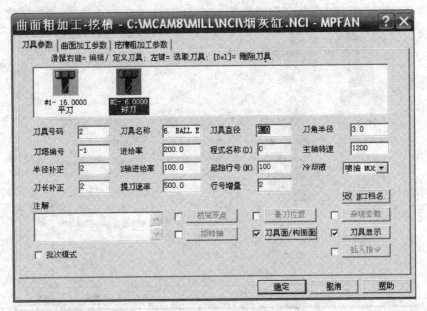

图 5-9 刀具参数的设置

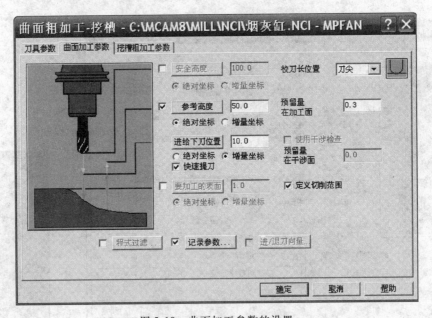

图 5-10 曲面加工参数的设置

4）曲面加工参数设置完毕后，单击图 5-10 中的"挖槽粗加工参数"标签，设置挖槽粗加工参数，如图 5-11 所示。

5）设置好后，单击"确定"按钮，生成刀具路径。

（4）曲面等高外形粗加工

1）单击"主菜单"—"刀具路径"—"曲面加工"—"粗加工"—"等高外形粗加工"指令，在出现的显示选择菜单中选择"实体"，设置"点选实体图素"菜单，如图 5-8 所示。用鼠标选择实体，单击"执行"—"执行"选项，显示"等高外形粗加工"对话框。

课题五 三维图形加工

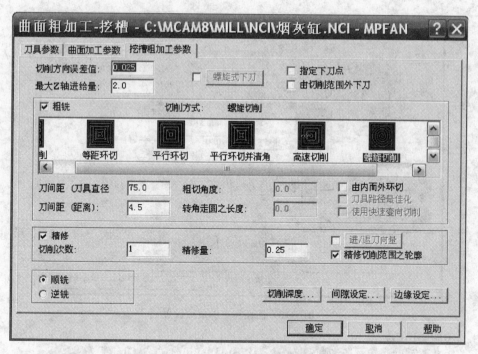

图 5-11 挖槽粗加工参数的设置

2）在等高外形粗加工对话框中单击挖槽时所用的直径 6mm 的球头铣刀（2#刀），并设置刀具参数，如图 5-12 所示。

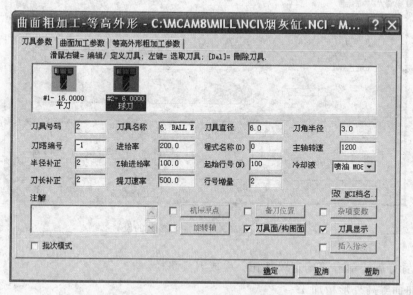

图 5-12 刀具参数的设置

3）刀具参数设置完毕后，单击图 5-11 中的"曲面加工参数"标签，设置参考高度为 50mm，进给下刀位置为 10mm，在加工面预留量为 0.3mm，如图 5-13 所示。

4）曲面加工参数设置完毕后，单击图 5-13 中的"等高外形粗加工参数"标签，设置等高外形粗加工参数，如图 5-14 所示。

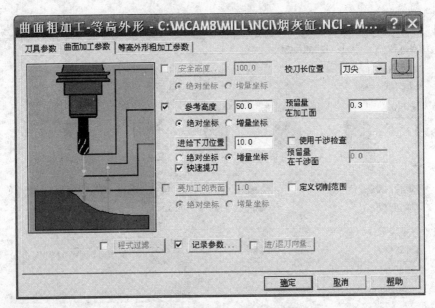

图 5-13 曲面加工参数的设置

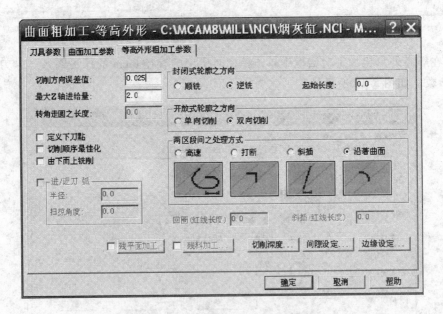

图 5-14 等高外形粗加工参数的设置

5) 设置好后，单击"确定"按钮，生成刀具路径。

(5) 曲面等高外形精加工

1) 单击"主菜单"—"刀具路径"—"曲面加工"—"精加工"—"等高外形精加工"指令，在出现的显示选择菜单中选择"实体"，设置"点选实体图素"菜单，如图 5-8 所示。用鼠标选择实体，单击"执行"—"执行"选项，显示"等高外形精加工"对话框。

2) 在等高外形精加工对话框中单击挖槽时所用的直径 6mm 的球头铣刀（2#刀），并设置刀具参数，如图 5-15 所示。

课题五 三维图形加工

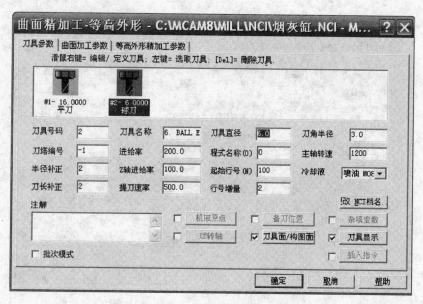

图 5-15 刀具参数的设置

3）刀具参数设置完毕后，单击图 5-14 中的"曲面加工参数"标签，设置参考高度为 50mm，进给下刀位置为 10mm，在加工面预留量为 0，如图 5-16 所示。

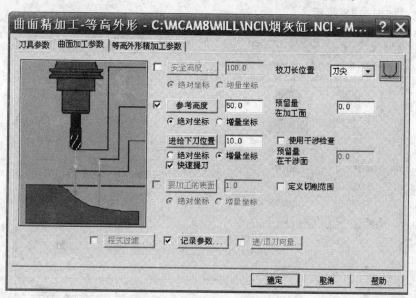

图 5-16 曲面加工参数的设置

4）曲面加工参数设置完毕后，单击图 5-16 中的"等高外形精加工参数"标签，设置等高外形精加工参数，如图 5-17 所示。

5）设置好后，单击"确定"按钮，生成刀具路径。

（6）等距环绕精加工

1）单击"主菜单"—"刀具路径"—"曲面加工"—"精加工"—"环绕等距"指令，在出现的显示选择菜单中选择"实体"，设置"点选实体图素"菜单，如图 5-8 所示。用鼠标选

79

CAD/CAM——Mastercam 应用

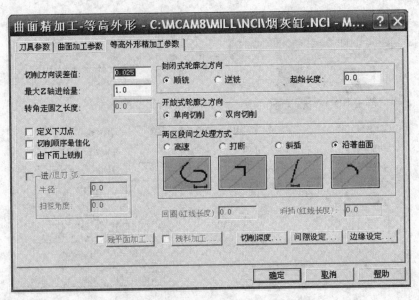

图 5-17 等高外形精加工参数的设置

择实体,单击"执行"—"执行"选项,显示"环绕等距精加工"对话框。

2)在环绕等距精加工对话框中单击挖槽时所用的直径 6mm 的球头铣刀(2#刀),并设置刀具参数,如图 5-18 所示。

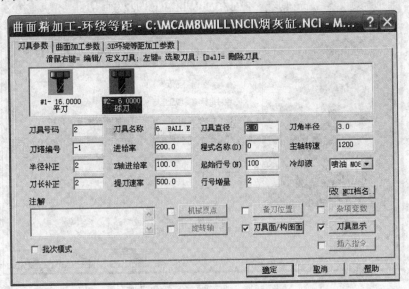

图 5-18 刀具参数的设置

3)刀具参数设置完毕后,单击图 5-18 中的"曲面加工参数"标签,设置参考高度为 50mm,进给下刀位置为 10mm,在加工面预留量为 0,如图 5-19 所示。

4)曲面加工参数设置完毕后,单击图 5-19 中的"3D 环绕等距加工参数"标签,设置环绕等距精加工参数,如图 5-20 所示。

5)设置好后,单击"确定"按钮,生成刀具路径。

课题五 三维图形加工

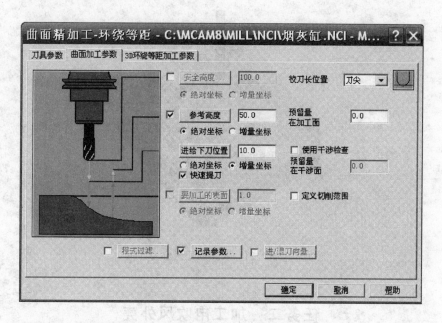

图 5-19 曲面加工参数的设置

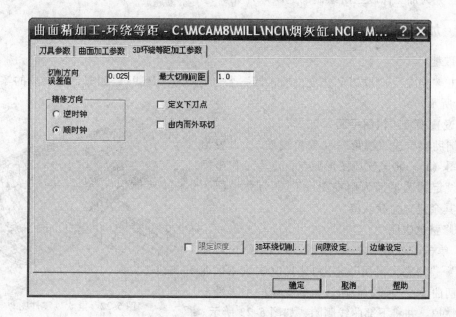

图 5-20 环绕等距精加工参数的设置

(7) 实体切削验证 在主菜单中选择"操作管理",弹出操作管理员窗口,单击"全选",选择"实体切削验证",弹出实体验证窗口。单击窗口的"▶"按钮,出现实体验证图形,如图 5-21 所示。

5. 保存文件

在主功能菜单中选择"档案"—"存档",输入文件名"烟灰缸加工.MC9"。

81

CAD/CAM——Mastercam 应用

图 5-21 实体验证图形

任务二 加工电吹风外壳

本任务为加工课题三所绘制的电吹风外壳。

一、加工前的设置

1. 取档

单击"档案"—"取档"选项，输入档案名"电吹风.MC9"，回车，电吹风的零件图如图 5-22 所示。

2. 设置视角和构图平面

从辅助菜单选"视角"—"等角视图"，设置为等角视图（I）。将电吹风图形原点设定为工作坐标原点。设定构图平面为俯视图（T），刀具平面为"关"，其余设置为默认值。

3. 修整电吹风

1）单击"主菜单"—"绘图"—"曲面"—"曲面修整"—"修整至平面"，分别选择电吹风主体曲面、手柄曲面及端部的曲面，将电吹风的下半部分曲面修整掉，并将下部曲线删除，如图 5-23 所示。

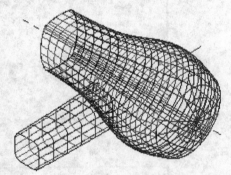

图 5-22 电吹风零件图

2）单击"主菜单"—"转换"—"平移"，选择整个图形，选择"执行"—"直角坐标"，输入平移向量"Z-60"，回车，在出现的平移对话框中设置移动为 1 次，单击"确定"按钮，完成图形平移，这样就将电吹风主体 XY 方向的对称中心、Z 轴方向的最高点设定为工作坐标原点，如图 5-24 所示。

二、加工工艺

通过对图 5-22 所示的电吹风零件图进行分析，毛坯可采用 220mm×240mm 的铝型材，厚

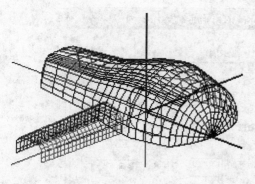
图 5-23 电吹风

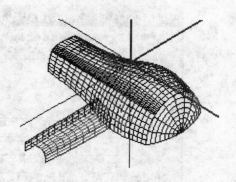
图 5-24 平移后的图形

度为 61mm。

1. 设定毛坯的尺寸

1）单击"主菜单"—"刀具路径"—"工作设定"选项，出现"工作设定"对话框。

2）输入毛坯长、宽、高尺寸：X 220，Y 240，Z 61。

3）输入工件原点：X－13.3，Y－55，Z 1。

4）其余为默认选项。

5）单击"确定"按钮，设定好毛坯尺寸。

2. 装夹方法

采用组合压板压紧，平口钳装夹。电吹风采用数控立铣床加工，机床的最高转速为 5000r/min。

3. 数控加工工艺

1）粗加工：用 ϕ14mm 的高速工具钢平刀进行曲面等高外形粗加工。

2）半精加工：用 ϕ8mm 的高速工具钢球头铣刀进行放射状粗加工。

3）精加工：用 ϕ8mm 的高速工具钢球头铣刀进行放射状精加工和交线清角精加工。

4. 加工步骤

（1）等高外形粗加工刀具路径

1）单击"主菜单"—"刀具路径"—"曲面加工"—"粗加工"—"等高外形"指令，显示"选择串连菜单"。

2）选择—所有的—曲面，单击"执行"选项，显示"粗加工等高外形"对话框。

3）在等高外形对话框的刀具图像显示区中单击鼠标右键，显示快捷菜单，选择"从刀具库中选取刀具"，进入刀具管理器，选取一把直径 14mm 的平铣刀，单击"确定"按钮，刀具就显示在对话框的刀具名称处，设置刀具参数，如图 5-25 所示。

4）刀具参数设置完毕后，单击图 5-25 中的"曲面加工参数"标签，设置安全高度为 60mm，参考高度为 50mm，进给下刀位置为 5mm，在加工面的预留量为 0.5mm，校刀长位置为刀尖，如图 5-26 所示。

5）曲面加工参数设置完毕后，单击图 5-26 中的"等高外形粗加工参数"标签，设置封闭式轮廓之方向为逆铣；开放式轮廓之方向为双向切削；两区段间之处理方式为沿着曲面，如图 5-27 所示。

图 5-25 刀具参数的设置

6) 设置好后,单击"确定"按钮,生成刀具路径。

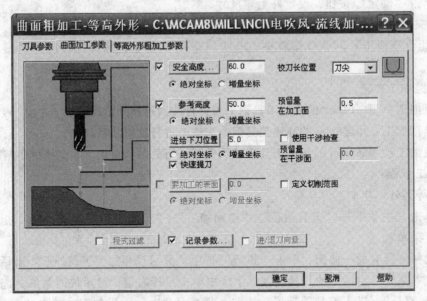

图 5-26 曲面加工参数的设置

(2) 放射状加工刀具路径

1) 单击"主菜单"—"刀具路径"—"曲面加工"—"粗加工"—"放射状加工"指令,显示"选择工件形状"菜单。

2) 选择工件形状—未指定—所有的—曲面,单击"执行"选项,显示"粗加工放射状"对话框。

3) 在此对话框的刀具图像显示区中单击鼠标右键,显示快捷菜单,选择"从刀具库中

课题五 三维图形加工

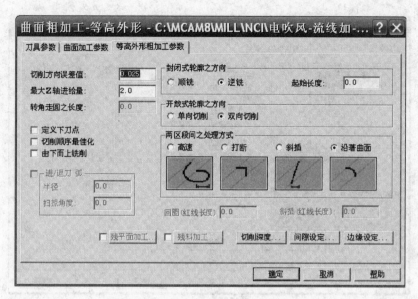

图 5-27 等高外形粗加工参数的设置

选取刀具",进入刀具管理器,选取一把直径 8mm 的球头铣刀,单击"确定"按钮,刀具就显示在对话框的刀具名称处,并设置刀具参数,如图 5-28 所示。

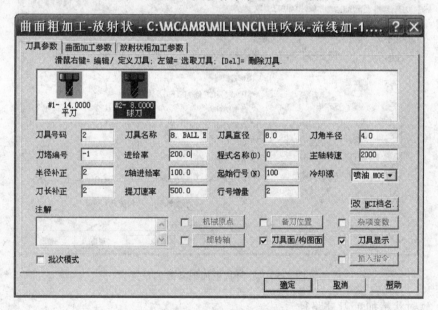

图 5-28 刀具参数的设置

4)刀具参数设置完毕后,单击图 5-28 中的"曲面加工参数"标签,设置安全高度为 60mm,参考高度为 50mm,进给下刀位置为 5mm,在加工面的预留量为 0.2mm,校刀长位置为刀尖,如图 5-29 所示。

5)曲面加工参数设置完毕后,单击图 5-29 中的"放射状粗加工参数"标签,设置加工参数,如图 5-30 所示。

6)设置好后,单击"确定"按钮,生成刀具路径。

85

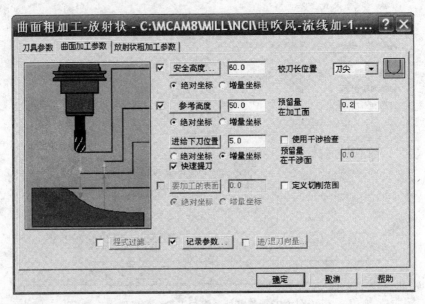

图 5-29　曲面加工参数的设置

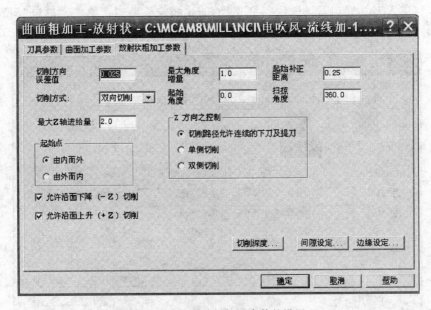

图 5-30　放射状粗加工参数的设置

（3）放射状精加工刀具路径

1）单击"主菜单"—"刀具路径"—"曲面加工"—"精加工"—"放射状加工"指令，显示"选择曲面"菜单。

2）选择—所有的—曲面，单击"执行"选项，显示"曲面精加工放射状"对话框。

3）选取放射状粗加工中所用的直径 8mm 的球头铣刀（2#刀），并设置刀具参数，如图 5-31 所示。

4）刀具参数设置完毕后，单击图 5-31 中的"曲面加工参数"标签，设置安全高度为 60mm，参考高度为 50mm，进给下刀位置为 5mm，在加工面的预留量为 0，校刀长位置为刀

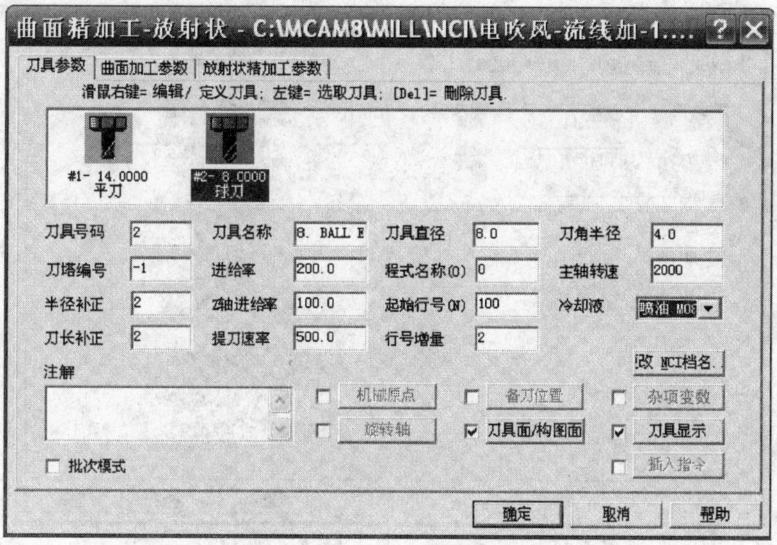

课题五 三维图形加工

图 5-31 刀具参数的设置

尖,如图 5-32 所示。

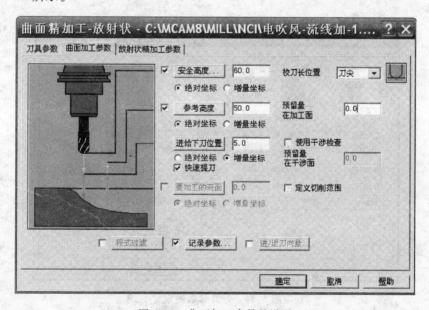

图 5-32 曲面加工参数的设置

5)曲面加工参数设置完毕后,单击图 5-32 中的"放射状粗加工参数"标签,设置加工参数,如图 5-33 所示。

6)设置好后,单击"确定"按钮,生成刀具路径。

(4)交线清角精加工刀具路径

1)单击"主菜单"—"刀具路径"—"曲面加工"—"精加工"—"交线清角"指令,显示"选择曲面"菜单。

2)选择—所有的—曲面,单击"执行"选项,显示"曲面精加工交线清角"对话框。

87

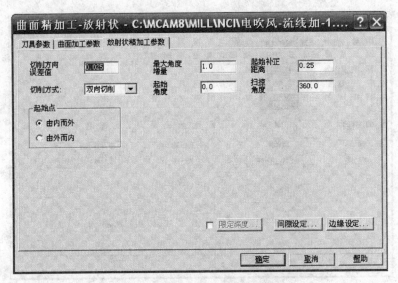

图 5-33 放射状粗加工参数的设置

3）选取放射状粗加工中所用的直径 8mm 的球头铣刀（2#刀），并设置刀具参数，如图 5-34 所示。

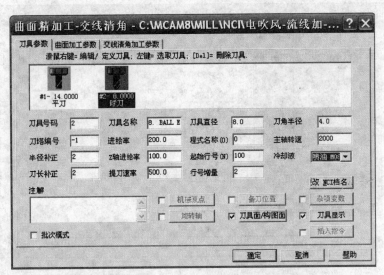

图 5-34 刀具参数的设置

4）刀具参数设置完毕后，单击图 5-34 中的"曲面加工参数"标签，设置安全高度为 60mm，参考高度为 50mm，进给下刀位置为 5mm，在加工面的预留量为 0，校刀长位置为刀尖，如图 5-35 所示。

5）曲面加工参数设置完毕后，单击图 5-35 中的"交线清角加工参数"标签，设置加工参数，如图 5-36 所示。

6）设置好后，单击"确定"按钮，生成刀具路径，如图 5-37 所示。

课题五　三维图形加工

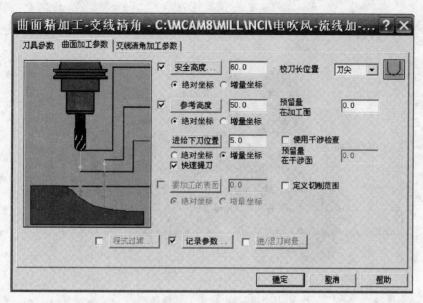

图 5-35　曲面加工参数的设置

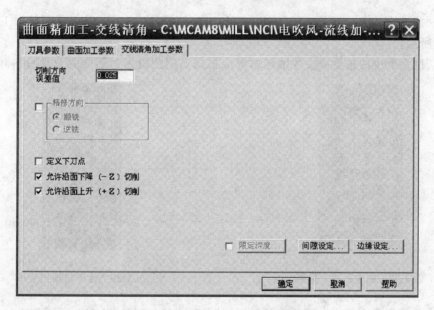

图 5-36　交线清角加工参数的设置

三、知识提示

曲面加工分为粗加工和精加工两种。

曲面粗加工用于尽可能快地切除工件的材料，Mastercam8.0 共有七种粗加工方法，这些方法分为两大类。挖槽粗加工主要用于凹槽式的曲面加工，其余 6 种粗加工用于各种曲面加工。

在主功能表中单击"刀具路径"—"U 曲面加工"—"粗加工"，出现"曲面粗加工"菜单，如图 5-38 所示。

当零件完成粗加工后，可根据图样要求对零件进行精加工，达到零件最终的要求。

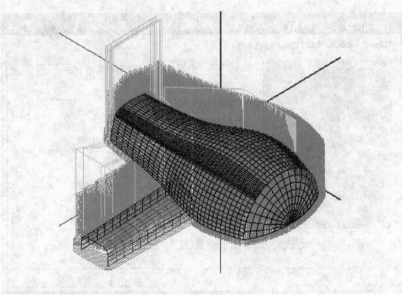

图 5-37　电吹风刀具路径

在主功能表中单击"刀具路径"—"曲面加工"—"精加工",出现"曲面精加工"菜单,如图 5-39 所示。

关于切削参数中的进给率、主轴转速等应根据不同的机床、不同的刀具材料和工件材

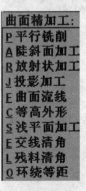

图 5-38　曲面粗加工菜单　　　　　　　　图 5-39　曲面精加工菜单

料、刀具直径等因素来确定,因这些参数在课题四中已有解释,故在此不再赘述,本例给出的参数仅供参考。各种加工方法及适用的工件如下:

1. 等高外形铣削加工

等高外形铣削加工是沿着曲面外形生成粗加工刀具路径的加工方法,其特点是产生的加工路径在轮廓的等高线上,当毛坯的形状和大小与零件较接近时,这种加工方法是最理想的。

2. 平行铣削加工

平行铣削加工是沿着特定的方向产生一系列平行的刀具路径,通常用于加工单一的凸形或凹形工件。

课题五　三维图形加工

3. 投影铣削加工

投影铣削加工是将已有的刀具路径或几何图形投影到选择的曲面上，生成粗加工刀具路径的加工方法。

4. 放射状铣削加工

放射状铣削加工通常用于圆形工件的加工。

5. 曲面流线铣削加工

曲面流线铣削加工是沿着零件曲面流线形方向生成加工路径的方法。

6. 环绕等距精加工

环绕等距精加工是产生等距环绕工件曲面的刀具路径，其刀具路径总是贴着曲面加工，并用最小的退刀移动量。

7. 交线清角精加工

交线清角精加工用于清理曲面交角部分的残余材料。在交线清角精加工时，刀具同时与两个曲面相切而产生刀具路径。

课题六 零件加工综合练习

本课题主要完成二维图形的外形铣削、挖槽和钻孔加工,是一个综合性的练习。

一、零件图

完成如图 6-1 所示零件的绘制及外形铣削、挖槽和钻孔加工。

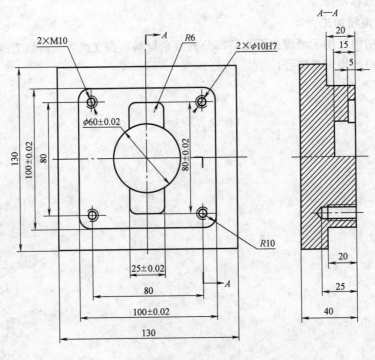

图 6-1 零件图

二、绘制二维图形

1. 分析

分析如图 6-1 所示的零件图,可先绘制主、俯视图中的三个矩形及矩形倒圆角,绘制中心圆及周围四个小圆,再绘制右视图,最后画剖面线及标注尺寸。

2. 绘图前的设置

设置视角:俯视图(T);构图面:俯视图(T)。

3. 绘制图形

(1)绘制矩形 从主菜单中选择"绘图"—"矩形"—"一点",在弹出的"绘制矩形"对话框中设置矩形宽度为 130mm,矩形高度为 130mm,点的位置为中心点,如图 6-2 所示,单击"确定"按钮,返回,确定中心点,即用鼠标单击原点(0,0),绘出 130mm×130mm

课题六 零件加工综合练习

的矩形。

用同样的方法绘制 100mm×100mm 的矩形,在对话框中设置矩形宽度为 100mm,矩形高度为 100mm。用同样的方法绘制 25mm×80mm 的矩形,在对话框中设置矩形宽度为 25mm,矩形高度为 80mm。完成三个矩形,如图 6-3 所示。

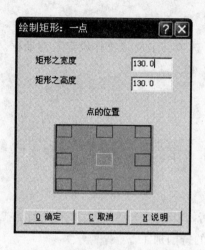

图 6-2 绘制矩形对话框

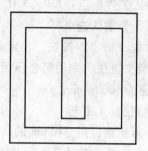

图 6-3 绘矩形

(2) 矩形倒圆角 选择"绘图"—"倒圆角"—"圆角半径",输入半径为 10mm,选"串连",用鼠标单击 100mm×100mm 的矩形,单击"执行",全部倒圆角;再选"圆角半径",输入半径为 6mm,选"串连",用鼠标单击 25mm×80mm 的矩形,单击"执行",全部倒圆角,如图 6-4 所示。

(3) 绘圆 选择"绘图"—"圆弧"—"点直径圆",输入直径 50mm,输入中心,确定中心点,用鼠标单击原点 (0,0),绘出直径为 50mm 的中心圆。

选择"绘图"—"圆弧"—"点直径圆",输入直径 10mm,输入中心,确定中心点,输入坐标 (40, 40)、(-40, 40)、(-40, -40)、(40, -40),分别绘出四个直径为 10mm 的圆,如图 6-5 所示。

其他绘图过程略。

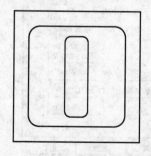

图 6-4 矩形倒圆角

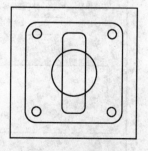

图 6-5 绘圆

三、零件加工

1. 加工前的设置

通过对图 6-1 所示的零件图进行分析，毛坯可采用 132mm×132mm×40mm 的铝型材。

2. 加工工艺

(1) 设定毛坯的尺寸

1) 单击"主菜单"—"刀具路径"—"工作设定"选项，出现"工作设定"对话框。

2) 输入毛坯长、宽、高尺寸：X 132，Y 132，Z 40。

3) 输入工件原点：X 0，Y 0，Z 0。

4) 其余为默认选项。

5) 单击"确定"按钮，设定好毛坯尺寸。

(2) 装夹方法 采用组合压板压紧的机用虎钳装夹定位，采用数控立铣床加工，机床的最高转速为 5000r/min。

(3) 数控加工工艺

1) 外形铣削：用 φ10mm 的高速工具钢平刀进行 130mm×130mm 大外形铣削加工。用 φ12mm 的高速工具钢平刀进行 100mm×100mm 矩形的铣削加工。

2) 挖槽：用 φ6mm 的高速工具钢平刀进行 25mm×80mm 矩形槽及中间圆形槽的挖槽加工。

3) 钻孔：先用 φ5mm 的中心钻进行中心定位孔的加工。对两个螺纹孔先用 φ8.5mm 的钻头钻底孔，再用 φ10mm 的右牙刀进行螺纹加工，另外两个孔用 φ10mm 的钻头进行钻孔加工。

(4) 加工步骤

1) 铣削 130mm×130mm 大外形。

① 刀具参数的设置。从主菜单选择"刀具路径"—"外形铣削"，显示外形铣削选择菜单，单击"C 串连"，顺时针串连选取 130mm×130mm 矩形，单击"D 执行"，在出现的"外形铣削"对话框中设置刀具参数，如图 6-6 所示。

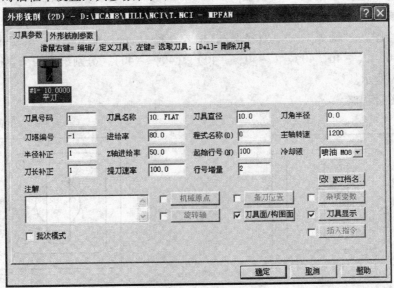

图 6-6 刀具参数的设置

② 外形铣削参数的设置。刀具参数设置完毕后,单击图 6-6 中的"外形铣削参数"标签,设置如图 6-7 所示的参数。

在图 6-7 中单击"Z 轴分层铣深",设置 Z 轴分层铣削参数,如图 6-8 所示。参数设置完毕后,单击"确定"按钮,返回到"外形铣削参数"标签。

在图 6-7 中单击"进/退刀向量",设置进/退刀参数,如图 6-9 所示。参数设置完毕后,单击"确定"按钮,返回到"外形铣削参数"标签。

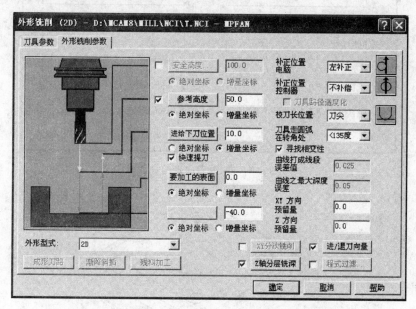

图 6-7 外形铣削参数的设置

图 6-8 Z 轴分层铣削参数的设置

单击"确定"按钮,生成外形铣削路径,如图 6-10 所示(设置视角:I)。

2)铣削 100mm×100mm 的矩形。

① 刀具参数的设置。从主菜单选择"刀具路径"—"外形铣削",显示外形铣削的选择菜单,单击"C 串连",顺时针串连选取 100mm×100mm 的矩形,单击"D 执行",在出现的"外形铣削"对话框中设置刀具参数,如图 6-11 所示。

② 外形铣削参数的设置。刀具参数设置完毕后,单击图 6-11 中的"外形铣削参数"标签,设置如图 6-12 所示的参数。

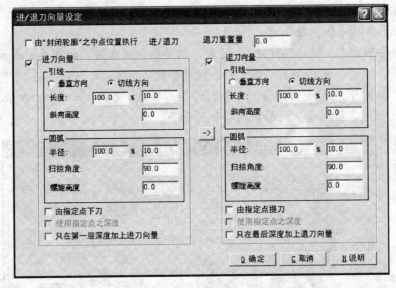

图 6-9　进/退刀向量的设置

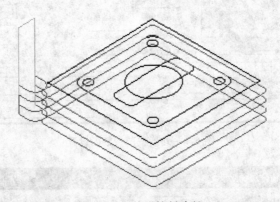

图 6-10　外形铣削路径

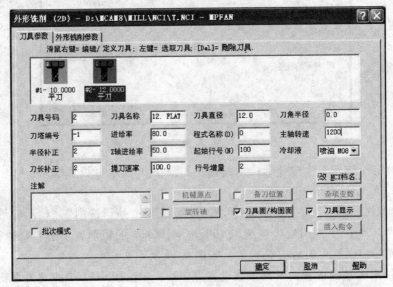

图 6-11　刀具参数的设置

课题六 零件加工综合练习

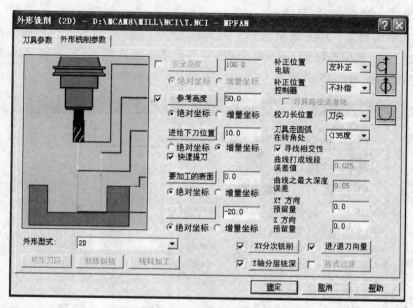

图 6-12 外形铣削参数的设置

在图 6-12 中单击 "Z 轴分层铣深"，设置 Z 轴分层铣削参数，同前。参数设置完毕后，单击 "确定" 按钮，返回到 "外形铣削参数" 标签。

在图 6-12 中单击 "进/退刀向量"，设置进/退刀参数，同前。参数设置完毕后，单击 "确定" 按钮，返回到 "外形铣削参数" 标签。

在图 6-12 中单击 "XY 分次铣削"，在出现的 "XY 平面分次铣削设定" 对话框中设置参数，如图 6-13 所示。

参数设置完毕后，单击 "确定" 按钮，返回到 "外形铣削参数" 标签。单击 "确定" 按钮，生成外形铣削路径，如图 6-14 所示（设置视角：I）。

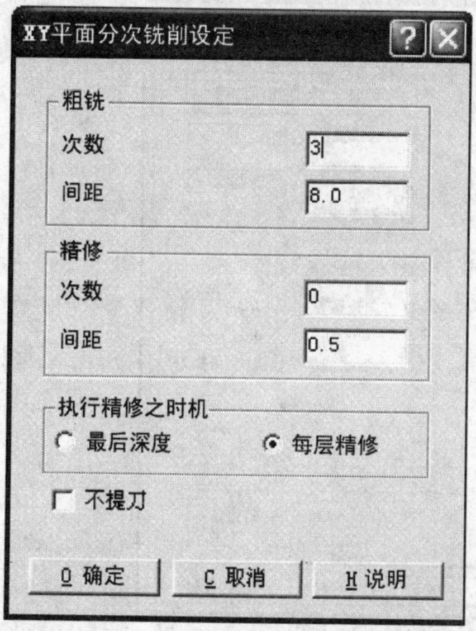

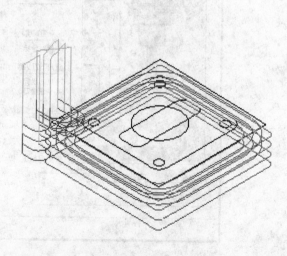

图 6-13 XY 分层铣削参数的设置

图 6-14 外形铣削路径

3）挖 25mm×80mm 的矩形槽。

① 刀具参数的设置。从主菜单选择"刀具路径"—"挖槽"，显示"挖槽选择"菜单，单击"C 串连"，用鼠标选取 25mm×80mm 的矩形，单击"D 执行"，在出现的挖槽对话框中设置刀具参数，如图 6-15 所示。

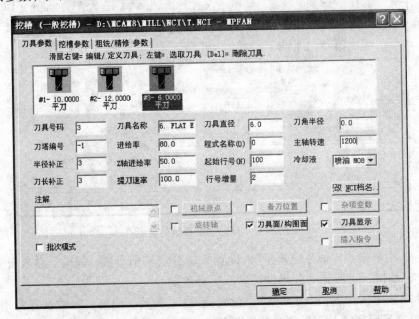

图 6-15　刀具参数的设置

② 挖槽参数的设置。刀具参数设置完毕后，单击图 6-15 中的"挖槽参数"标签，设置如图 6-16 所示的参数。

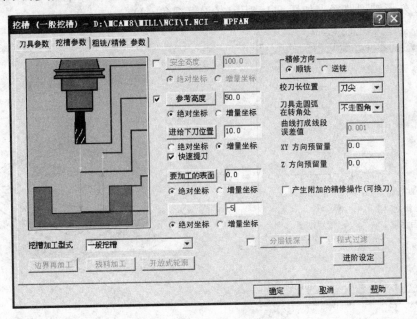

图 6-16　挖槽参数的设置

③ 粗铣/精铣参数的设置。挖槽参数设置完毕后，单击图6-16中的"粗铣/精铣参数"标签，设置如图6-17所示的参数。

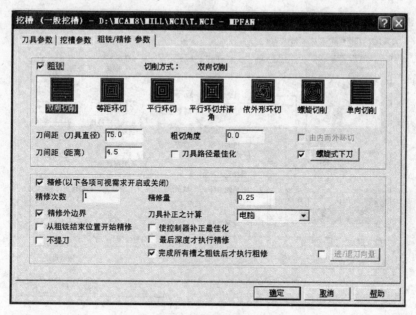

图6-17 粗铣/精铣参数的设置

设置好参数后，单击图中的"确定"按钮，显示挖槽刀具路径。

4）挖中间圆形槽。

① 刀具参数的设置。从主菜单选择"刀具路径"—"挖槽"，显示"挖槽选择"菜单，单击"C串连"，用鼠标选取中间直径为50mm的圆，单击"D执行"，在出现的挖槽对话框中，用鼠标点选上一步挖槽中所用的刀具，并设置刀具参数，如图6-18所示。

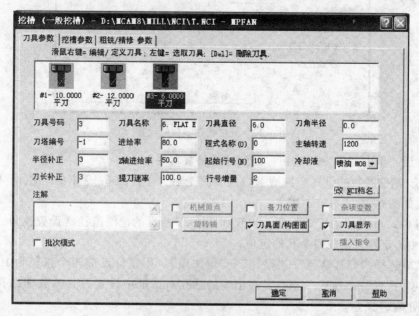

图6-18 刀具参数的设置

② 挖槽参数的设置。刀具参数设置完毕后，单击图 6-18 中的"挖槽参数"标签，设置如图 6-19 所示的参数。

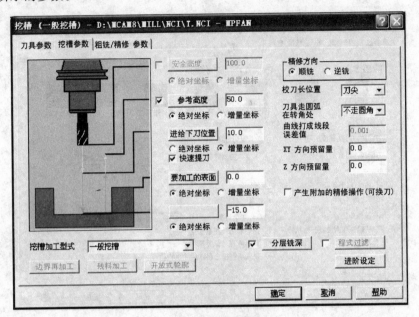

图 6-19　挖槽参数的设置

在图 6-19 中单击"分层铣深"，设置分层铣削参数，如图 6-20 所示。

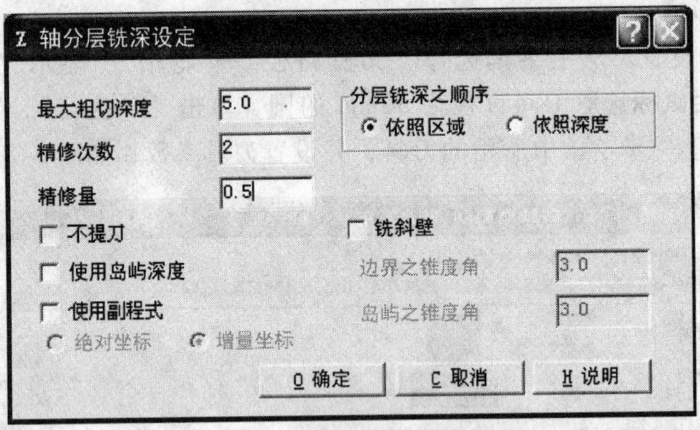

图 6-20　分层铣深参数的设置

设置好后，单击"确定"按钮，回到挖槽参数对话框。

③ 粗铣/精铣参数的设置。挖槽参数设置完毕后，单击图 6-19 中的"粗铣/精铣参数"标签，设置如图 6-21 所示的参数。

单击图 6-21 中的"确定"按钮，出现如图 6-22 所示的挖槽路径（设置视角：I）。

5）孔中心定位。完成四个孔的定位。

从主菜单选择"刀具路径"—"钻孔"—"增加点"，用鼠标点选四个直径为 10mm 的圆，选取菜单中"执行"—"执行"指令，在出现的钻孔对话框中设置刀具参数和钻孔参数，如图 6-23 和图 6-24 所示。

单击图 6-24 中的"确定"按钮，完成孔中心定位的刀具路径设置。

课题六 零件加工综合练习

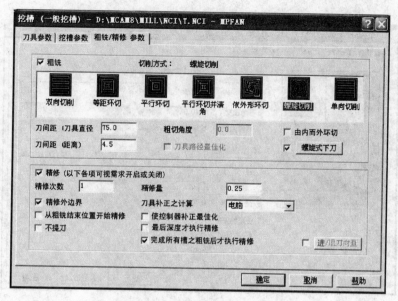

图 6-21 粗铣/精铣参数的设置

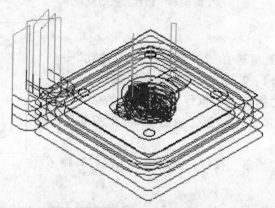

图 6-22 挖槽路径

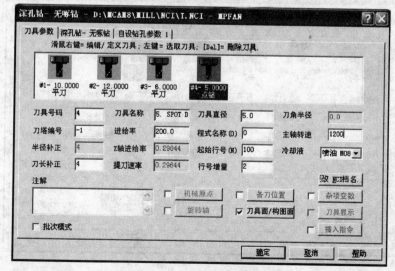

图 6-23 刀具参数的设置

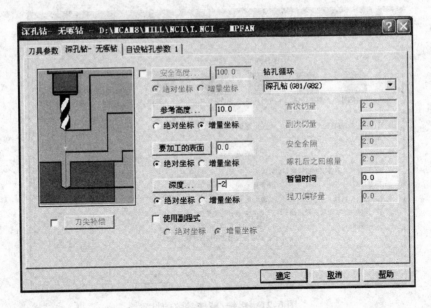

图 6-24 钻孔参数的设置

6) 钻螺纹孔。

① 钻底孔。从主菜单选择"刀具路径"—"钻孔"—"增加点",用鼠标点选 1、2 两个圆,如图 6-25 所示。

在主菜单中选择"执行"—"执行",在出现的钻孔对话框中设置刀具参数和钻孔参数,如图 6-26 和图 6-27 所示。

单击图 6-27 中的"确定"按钮,完成钻底孔的刀具路径设置。

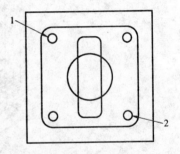

图 6-25 选点

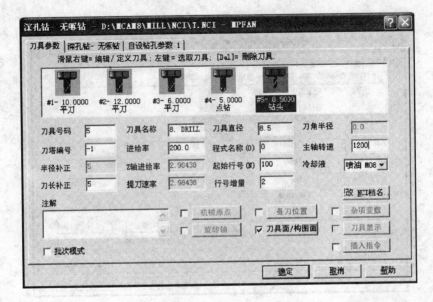

图 6-26 刀具参数的设置

课题六 零件加工综合练习

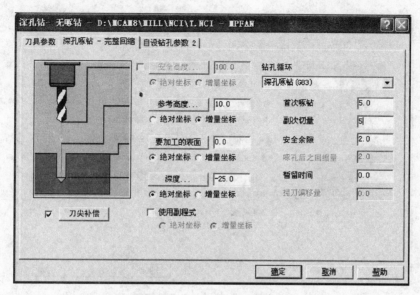

图 6-27 钻孔参数的设置

② 螺纹孔。在主菜单中选择"刀具路径"—"钻孔"—"增加点",用鼠标点选菜单中的"选择上次"—"执行",在出现的钻孔对话框中设置刀具参数和钻孔参数,如图 6-28 和图 6-29 所示。

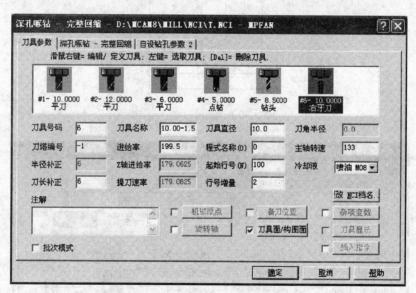

图 6-28 刀具参数的设置

单击图 6-29 中的"确定"按钮,完成螺纹孔的刀具路径设置。

7) 钻另外两个孔。在主菜单中选择"刀具路径"—"钻孔"—"增加点",用鼠标点选 3、4 两个圆,如图 6-30 所示。

在主菜单中选择"执行"—"执行",在出现的钻孔对话框中设置刀具参数和钻孔参数,如图 6-31 和图 6-32 所示。

103

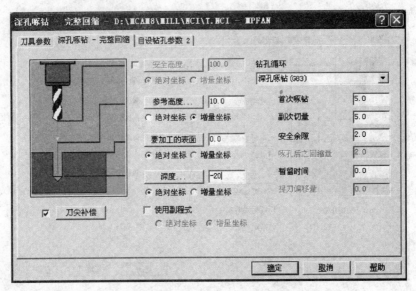

图 6-29　钻孔参数的设置

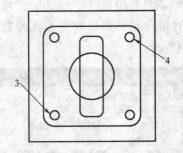

图 6-30　选点

图 6-31　刀具参数的设置

课题六 零件加工综合练习

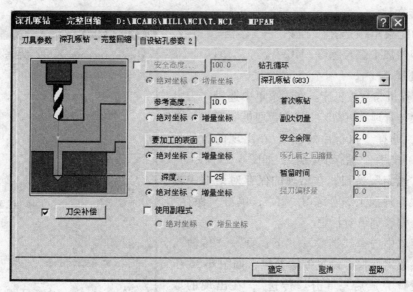

图 6-32 钻孔参数的设置

单击图 6-32 中的"确定"按钮,完成钻孔的刀具路径设置。

3. 实体验证

在主菜单中选择"刀具路径"—"操作管理",弹出"操作管理员"窗口,单击"全选",选择"实体切削验证",弹出实体验证窗口,如图 6-33 所示。

图 6-33 实体验证窗口

单击图 6-33 中的"▶"按钮,出现实体验证图形,如图 6-34 所示。

图 6-34 实体验证图形

105

4. 保存文件

在主功能菜单中选择"档案"—"存档",输入文件名"零件加工综合练习.MC9"。

5. 后处理

连接计算机与数控机床。在主菜单中选择"刀具路径"—"操作管理",弹出"操作管理员"窗口,单击"全选",选择"执行后处理",在出现的后处理程式对话框中选择"储存 NC 档",如图 6-35 所示。

单击"确定"按钮,在出现的保存对话框中输入文件名"零件加工综合练习.NC",单击"保存"后,返回操作管理员对话框。

在主菜单中选择"档案"—"下一页"—"传输",显示传输参数对话框,设置传输参数,如图 6-36 所示。参数设置完成后,单击"传送",在出现的取档对话框中选择上面存储的文件"零件加工综合练习.NC",单击打开,即将所设置的加工程序传送至数控机床。

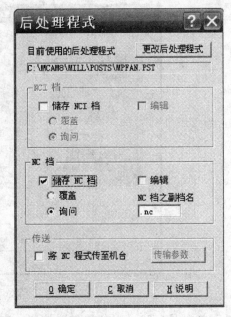

图 6-35 "后处理程式"对话框

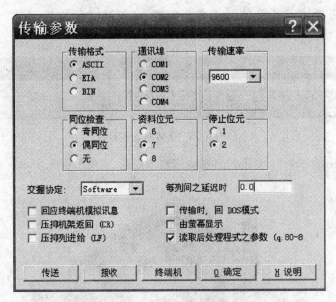

图 6-36 "传输参数"对话框

参 考 文 献

［1］ 严烈. Mastercam8 模具设计宝典［M］. 北京：冶金工业出版社，2001.
［2］ 严烈. Mastercam8 模具设计实例宝典［M］. 北京：冶金工业出版社，2001.
［3］ 牛小铁. 数控机床编程操作与加工［M］. 北京：煤炭工业出版社，2004.
［4］ 苏汉明. CAD/CAM 操作［M］. 石家庄：石家庄工程技术学校，2005.
［5］ 颜新宁. Mastercam 软件应用技术基础［M］. 北京：电子工业出版社，2005.